解析塾秘伝

CAEを使いこなすために必要な基礎工学!

現場技術者の構造解析、熱伝導解析、樹脂流動解析活用ノウハウ

岡田 浩【著】

NPO法人CAE懇話会解析塾テキスト編集グループ【監修】

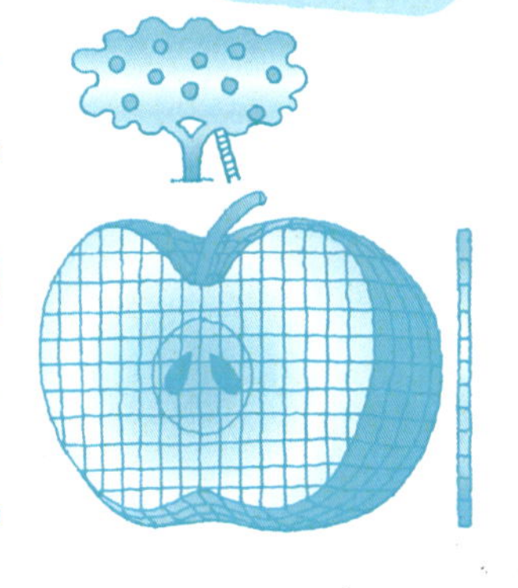

日刊工業新聞

はじめに

有限要素法（FEM）などを用いたCAE（Computer Aided Engineering：コンピュータ支援工学）と呼ばれる解析ソフトが世に出て、本格的に活用されはじめて50年以上が経ちました。私が学生だったころは、3次元CAD（Computer Aided Design：コンピュータによるデザイン）やCAEの開発そのものが研究の一つとなり、論文になった時代でしたが、この半世紀でCAEは飛躍的に進歩してきました。

当初は企業の設計者や生産技術者がCAEを活用しようと思っても、ソフトウェア・ハードウェアが高価、操作メニューがわかりにくい、節点や要素など、CAEのベースとなる有限要素法の特有な設定や専門知識が必要と、さまざまな障害がありました。しかし、約20年前に、Windows上で稼働し、かつ3次元CAD上で使用できる操作性の良いCAEが出現したこと、汎用CAEの操作メニューも見やすくなったこと、マルチフィジックスと呼ばれる複数の工学計算を同時に行えるようになったことなどから、CAEの操作性や計算精度が向上し、徐々にではありますが、CAEは我々の身近なものになりつつあります。さらに最近は、ソフトウェア・ハードウェアの低価格化や、クラウド、スーパーコンピュータの活用が容易になったことにより、企業でのCAEの導入が活発になっています。

それでもなお、CAEを活用する設計者・生産技術者の多くから、「CAEを用いて計算する時に、自分が行った設定が正しいかわからない」「CAEより得られた結果をどう評価してよいかわからない」「CAEと実験結果が合わない（CAEがどこまで実態を反映しているかがわからない）」などの声をよく聞きます。私は、CAEに対する設計・生産技術者の期待は**図1**の3項目であると思います。

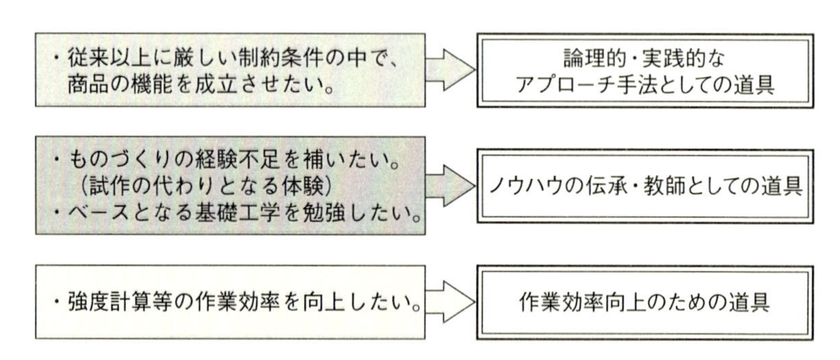

図1　設計者・生産技術者がCAEに期待すること

前述した課題を解決し、図1に対して、設計者・生産技術者自身がCAEを使いこなすためには何が必要なのでしょうか？　私は、**図2**に示すようなことがCAEを活用するために必要だと考えています。

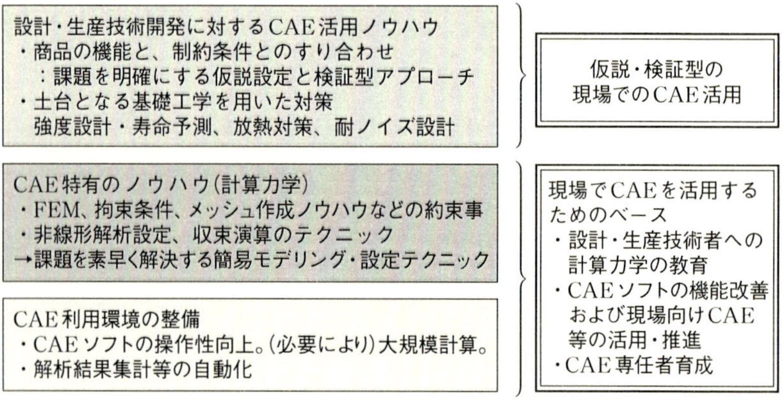

設計・生産技術開発に対するCAE活用ノウハウ
・商品の機能と、制約条件とのすり合わせ
　：課題を明確にする仮説設定と検証型アプローチ
・土台となる基礎工学を用いた対策
　強度設計・寿命予測、放熱対策、耐ノイズ設計

仮説・検証型の現場でのCAE活用

CAE特有のノウハウ（計算力学）
・FEM、拘束条件、メッシュ作成ノウハウなどの約束事
・非線形解析設定、収束演算のテクニック
→課題を素早く解決する簡易モデリング・設定テクニック

CAE利用環境の整備
・CAEソフトの操作性向上。（必要により）大規模計算。
・解析結果集計等の自動化

現場でCAEを活用するためのベース
・設計・生産技術者への計算力学の教育
・CAEソフトの機能改善および現場向けCAE等の活用・推進
・CAE専任者育成

図2　CAEを活用するために必要なこと

これだけのことをしないといけないのか。
一人でやるのは大変だから、
CAEの環境整備などは、
専門家にまかせたほうがよいかもね。

CAEの利用環境の整備は、CAEソフトベンダー（CAEのソフトを販売・サポートしている専用メーカー）様か、社内のシステム管理者にお願いすればよいでしょう。CAE特有の計算力学のノウハウ（K/H）は、CAEベンダーの技術者に聞けばなんとかなるでしょう。しかし、設計は活用する技術者自身で行わなければなりません。CAEと実験の相関を取り、CAEにより得られた結果を評価しながら、設計者・生産技術者自らがCAEを使いこなさないといけないのです。そのために身につけなければならないのは、「設計・生産技術開発に必要なCAE活用ノウハウ」、「CAEを使いこなすために必要な、実践的な基礎工学」だと考えています。

そこで、本書では、「実践型の基礎工学」をできるだけわかりやすく学んでいただくことを目的に作成しました。また、冒頭で述べた「CAEと論理計算・実験との誤差」の原因にもふれたいと思いました。ただ、すべての工学分野を網羅するのは大変ですので、本書は、世間でもよく活用されており、かつ、私が今までに執筆してきた材料力学・伝熱工学・樹脂成形に関する書籍や専門書の記事の中から、「CAEを活用する設計者・生産技術者」にこれだけは知っておいてもらいたい基礎工学を抜粋・加筆するとともに、主に私がよく使用する薄板を例に、「CAEと論理計算・実測との誤差」についても言及してみたいと思います。少しでも、みなさまのお力になれれば幸いです。

なお、各章末に復習の○×問題も加えました。楽しみながら、解いてみていただければと思います。

2016年8月4日　本書の執筆にあたって。

岡田　浩

目　次

第２章　伝熱工学・熱応力編（熱伝導・熱応力解析用 CAE を対象）

第３章　樹脂成形編（樹脂流動解析用 CAE を対象）

第４章 品質のバラツキ原因と対策

第１章

材料力学・機械力学（固有値解析）編
（構造解析および固有値解析用CAEを対象）

- 1.1　材料力学・固有値計算の機械設計における役割
- 1.2　材料力学・固有値計算の基礎
- 1.3　材料力学・固有値計算を用いた強度評価のポイント
- 1.4　材料力学・固有値計算とCAE（構造解析・固有値解析）の関係。CAE活用時の注意点
- 第１章　復習テスト

さあ、スタートですよ。
まずは、材料力学・固有値計算とそれに関連するCAEからです。

1.1　材料力学・固有値計算の機械設計における役割

「形ある“もの”は必ず壊れる。」とよくいうが、それではなぜ“もの”は壊れるのだろうか？　材料力学・固有値計算は、その疑問を解明するために重要かつ身近な機械工学の科目の一つである。機械工学を専門とする方は、最初に、材料力学・固有値計算を勉強するだろうし、機械設計者が、ほぼ最初に利用する構造解析CAEのベースも材料力学・固有値計算である。

材料力学・固有値計算で習得する内容は、“もの”づくりの開発プロセスのすべてで活用されるといっても過言ではない。特に詳細設計においては、製品の機能と、加工・使用条件下の制約条件とのすりあわせの中で、品質（Q）、コスト（C）、納期（D）および耐環境性（E）、安全性（S）を満たす製品を創出する。その際、材料力学・固有値計算をベースとする強度設計は、最も重要な検討項目の一つである。

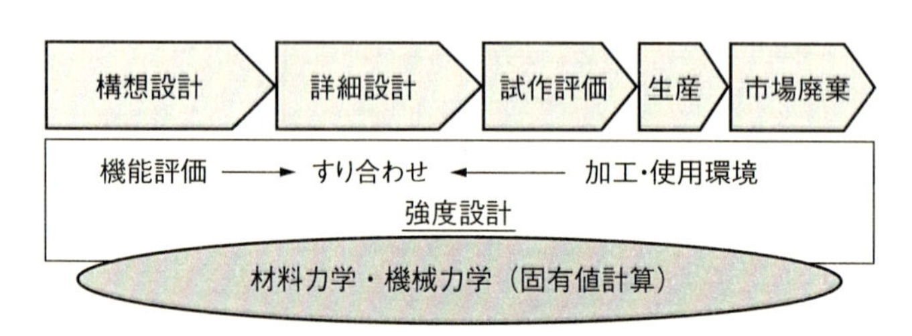

図 1.1　材料力学・固有値計算の適用範囲

開発プロセスのどこで材料力学や固有値計算とそれに関連するCAEを使うかがフロントローディングの決め手になるのだね。

それでは、材料力学・固有値計算について、具体的にどのような内容を勉強しなければならないのだろうか？　概略だが、材料力学・固有値計算で習得すべき内容を**図1.2**に示す。

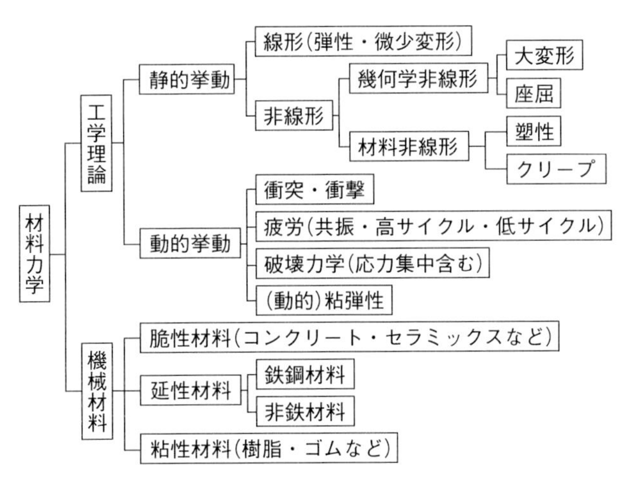

図1.2　材料力学・機械力学（固有値計算）の概要

材料力学・固有値計算の内容は、大きく2つに分類される。

・弾性力学・塑性力学・破壊力学・共振現象などに代表される工学理論

・機械材料の特性把握と向上のための処理法。

しかしながら、これらをすべて学習するのは非常に困難であるし、私自身もこれらをすべて理解しているわけではない。それではどのように勉強し、ステップアップを図ればよいか？

私は、自身がよく行う設計について、検討項目を洗い出し、対策を考える際に必要な材料力学・固有値計算の項目から勉強することにしている。興味を持ったところ、必要に迫られたところから学習に取り組まないと、論理が頭に入らないし、ノウハウ等の吸収もよくない。取り組みも長続きしないからである。

設計する製品毎、あるいは求められる項目やプライオリティなどで、必要とされる材料力学・固有値計算の知識はさまざまであると思うが、以下に、私が一般的に行うアプローチ法を紹介する。

ステップ1：製品の加工状態や使用環境などの把握

製品の性能や破壊を評価する場合、まず、製品がどのように製造され、どのように使用されているかを把握し、その中で、どのようなアプローチが課題解決に最適かを想定することが必要である。例えば、次のようなものである。

○製品の加工時に、すでに不良の原因が潜んでいないか？（成形不良など）

○使用環境はどうか？

・外力が常にかかる場合

・瞬間的に負荷がかかる場合

・潜在的な問題
・顕在化した問題

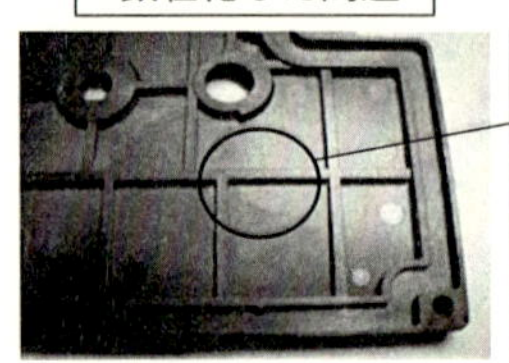

想定される課題：仮説

・コーナー部の応力集中
・成形不良
・使用環境下での過負荷
・上記課題のトレードオフ

仮説に対する検証

・過去の知見
・実験による検証
・基礎工学に置きなおし、CAEによるアプローチ

図1.3　成形部材の割れ

仮説をたてるところが
重要だね。

・繰り返し荷重や振動がかかる場合
・熱が繰り返しかかる場合
・周りの環境で腐食等が起きる場合

○加工による影響と使用環境による影響の複合要因ではないか？

ステップ２：強度設計に必要な検討項目と材料力学・固有値計算の項目の関連の整理

例えば、下記のような整理になる。

(1)　１回の負荷で破壊するかどうか？

・静荷重（線形理論）
・静荷重がかかり続ける場合（クリープ）
・衝突・衝撃荷重（衝突・衝撃）

※形状および材料特性・加工の影響を考慮した応力集中の検討も実施。

(2)　繰り返しの負荷で破壊するかどうか？

・疲労破壊（高サイクル・低サイクル）
・外部からの振動が起点となる共振（振動）

(3)　その他の破壊に関連する検討項目

・材料特性（例えば脆性材料の特性など）
・腐食の影響（金属・樹脂材料の知識）

(4)　品質のバラツキの考慮

・材料特性、設計寸法のバラツキが製品の性能に与える影響（品質工学）

私は、製品について、どのような課題があるかをステップ１で仮説し、それに必要な検証をステップ２で行っており、これを「仮説・検証のアプローチ」と呼んでいる。そして、ステップ１で立てた仮説が合っているかどうかをステップ２で検証する手段の１つとしてCAEを活用している。

CAEは、何か新しいことを発見してくれる「玉手箱」ではない。自身の設計で何が懸念になるかは、設計者・生産技術者自身が考えなければならず（考える能力が必要)、CAE は、設計者・生産技術者が想定した懸念事項に対して、対策を検討するための１つのツールに過ぎないのである。

そこで今回は論理を中心に、上記の項目の一部について実例を交え、対策の検討とその中での材料力学の論理・ノウハウについて紹介する。

ステップ 1、2 の詳細については、この後の節 1-3 および第 2 章〜第 4 章で紹介することとし、その前に、まず、材料力学・固有値計算の基本をおさらいしておこう。

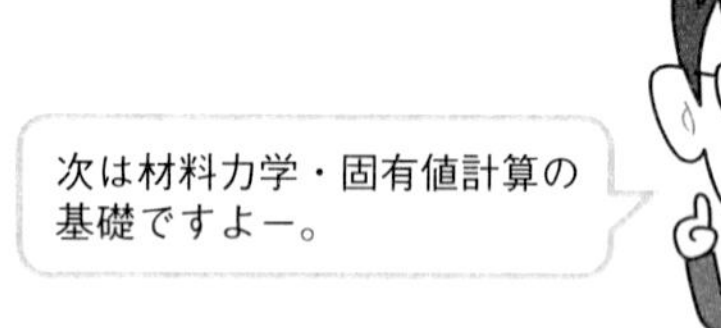

1.2　材料力学・固有値計算の基礎

材料力学では、部材を「変形する連続体」と考え、部材の変形や内部にかかる負荷を算出する。そして、材料の剛性や劣化などを踏まえ、破壊可能性の評価を行う。

ここでは主に、**図 1.2.0** に示すような、均質な板材が微少変形を起こした場合をベースに、材料力学の基礎について学んでいく。（微少変形とは、元の形状寸法に対して約 1/10 以下の変形量のことを示すと考えればよい。）

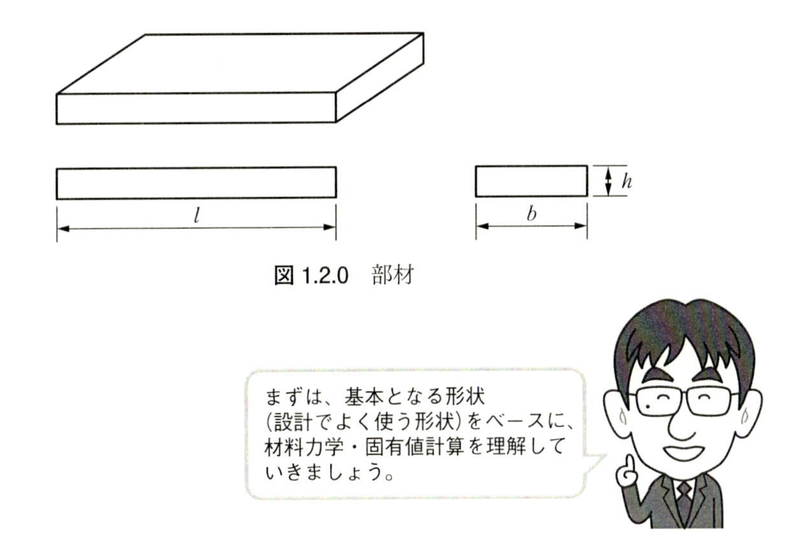

図 1.2.0　部材

1.2.1　負荷のかかり方

負荷のかかり方は、大きく分けて、引張り・圧縮、せん断、曲げ、ねじりの 4 種類である。ただし、曲げは引張りと圧縮が同居した状態、ねじりはせん断の一部と考えてよい（**図 1.2.1**）。

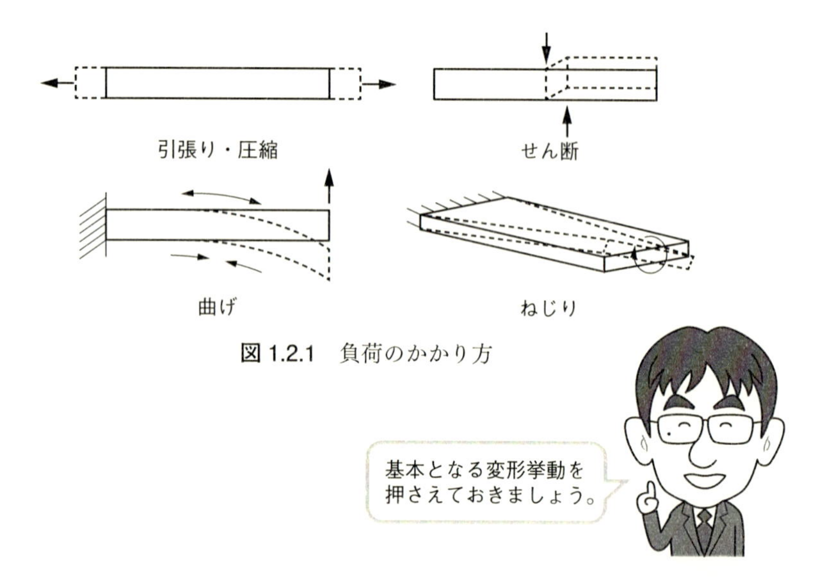

図 1.2.1　負荷のかかり方

1.2.2　引張り（圧縮）応力とひずみ・縦弾性係数（ヤング率）

引張り応力とひずみの、次の式(1.2.1)～(1.2.3)がベースになっている。

・部材を延ばした時に、かかる荷重と変形量の間には比例の関係がある（フックの法則）。

・物体の形状の影響を取り除いてやることで引張り（圧縮）応力（単位断面積にかかる力）とひずみ（元の長さに対する伸びの割合）には比例関係があり、それは、材料特有の定数（ヤング率）である。

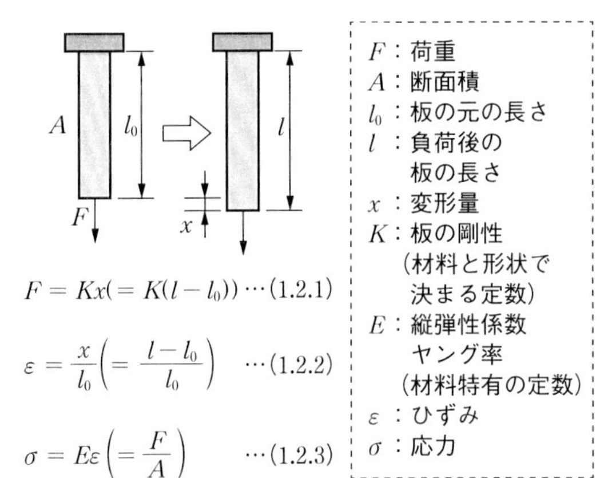

図 1.2.2　材料力学の基礎式（引張り・圧縮）

1.2.3　せん断応力とせん断ひずみ・横弾性係数（せん断弾性係数）

図 1.2.3、式(1.2.4)～(1.2.6)にせん断の場合の基礎式を示す。引張りと異なり、せん断は、荷重の方向と変位の方向が同じという特徴がある。

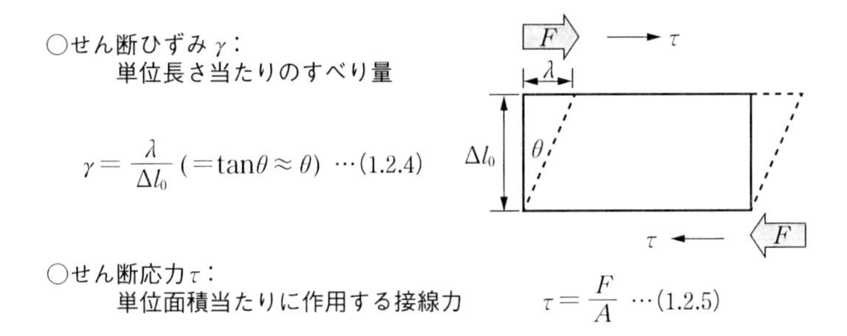

図 1.2.3　材料力学の基礎式（せん断）

1.2.4　ポアソン比

ポアソン比νは、引張り・圧縮ひずみ（縦ひずみ）εとせん断ひずみ（横ひずみ）ε'の比の絶対値を表す。引張り方向の伸びに対して、その断面積の縮み量の割合を示すものであり（**図 1.2.4**）、式(1.2.7)で示す。

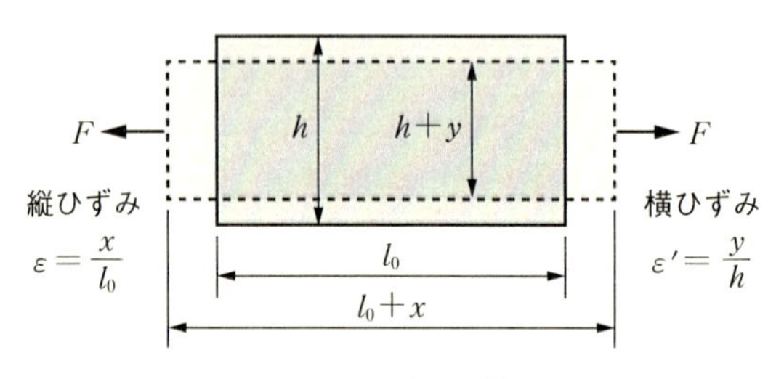

図 1.2.4　縦ひずみと横ひずみ

$$\nu = \left| \frac{\varepsilon'}{\varepsilon} \right| \tag{1.2.7}$$

ポアソン比は、鉄鋼材料で 0.3 程度、ゴム材料は 0.5 に近づく。

なお、等方性材料の場合、EとGの関係は、弾性論により、式(1.2.8)が成り立つ。

$$G = \frac{E}{2(1+\nu)} \tag{1.2.8}$$

面に垂直に負荷がかかるのが
引張り・圧縮、
並行にかかるのがせん断で、
相互の影響を見ているのが
ポアソン比だね。

表1.2.1 に代表的な材料の E、ν の値を示す。

表1.2.1　材料定数の例

材　料	ヤング率 E [GPa]	ポアソン比　ν
一般構造用圧延鋼材	206	0.3
ねずみ鋳鉄	200	0.3
りん青銅（C5212P）	110	0.38
工業用アルミニウム	69	0.34
ガラス（クラウン）	71	0.22
樹脂（エポキシ）	3.1	0.34

出典：めっちゃ使える！ 機械便利帳（日刊工業新聞社刊）P110 より

1.2.5　曲げ応力とたわみ

たわみ（最大値）　$$\delta_{\max} = \frac{Fl^3}{3EI} \tag{1.2.9}$$

応力（最大値）　$$\sigma_{\max} = \frac{M}{Z} = \frac{Fl}{I/\left(\frac{h}{2}\right)} \tag{1.2.10}$$

曲げ応力 $\sigma_{\max}$ は、部材の表・裏の最外表面に一番大きくなる。一方が引張り、一方が圧縮となる。(式(1.2.10))

曲げの際の部材の変形量をたわみ δ という。(式(1.2.9))

(たわみとひずみをよく混同しやすいので注意すること。)

※式(1.2.9)は、片持ち梁の場合、以下のように求める。

・まず、曲率の式（この式は、他の文献を参照ください）より、

$$\frac{1}{R} = \frac{\mathrm{d}^2 y}{\mathrm{d}x^2} = \frac{M}{EI} = \frac{Fx}{EI} \tag{1.2.11}$$

R：曲率半径　M：モーメント　I：断面2次モーメント（後に説明）

・一階積分すると、箇所 x の傾きが算出される。

$$\frac{\mathrm{d}y}{\mathrm{d}x}=\frac{F}{2EI}x^2+C_1 \tag{1.2.12}$$

・二階積分すると箇所 x のたわみ δ_y が算出される。

$$\delta_y=\frac{F}{6EI}x^3+C_1x+C_2 \tag{1.2.13}$$

C_1、C_2：積分定数

ここで、**図 1.2.5** に示す通り、$x=l$ の時、式(1.2.12)、(1.2.13)より、$\frac{\mathrm{d}y}{\mathrm{d}x}=0$、$\delta_y=0$（傾きもたわみも 0）なので、

$$C_1=-\frac{Fl^2}{2EI},\quad C_2=\frac{Fl^3}{3EI}$$

よって、$\delta_y=\frac{F}{6EI}x^3-\frac{Fl^2}{2EI}x+\frac{Fl^3}{3EI}$ となる。

$x=0$ の時、たわみは最大になり、$\delta_{\max}=\frac{Fl^3}{3EI}$ となる。

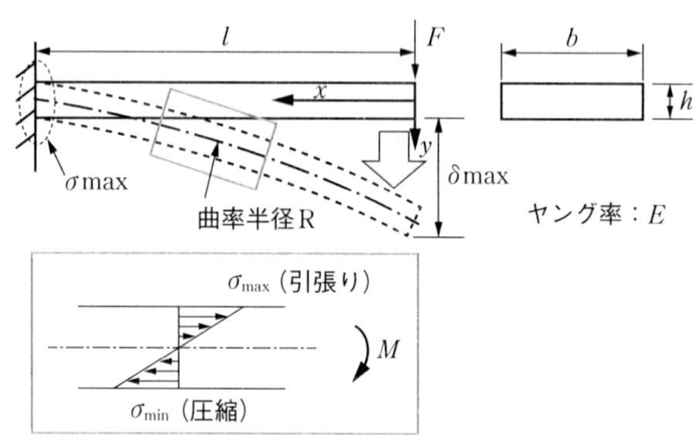

図 1.2.5 曲げ

曲げは薄い板厚の間で、
引張りから圧縮へ、
急激に応力が変化している。
すごいね。

なお、式(1.2.9)～(1.2.13)で、I、Zが使用されているが、これは、それぞれ、断面二次モーメントと断面係数のことを表す。よく使われる断面二次モーメントIと断面係数Zを**図 1.2.6** に示す。

	断面積A	断面二次モーメントI	断面係数Z
	bh	$\frac{bh^3}{12}$	$\frac{bh^2}{6}$
	h^2	$\frac{h^4}{12}$	$\frac{h^3}{12}\sqrt{2}$
	$\frac{bh}{2}$	$\frac{bh^3}{36}$	$\frac{bh^2}{24}$
	$b_1h_1+b_2(h_2-h_1)$	$\frac{1}{12}(b_2h_2^3-b_1h_1^3)$	$\frac{(b_2h_2^3-b_1h_1^3)}{6h_2}$

図 1.2.6　よく使われる断面二次モーメント、断面係数

断面二次モーメントIは曲げに対する物体の変形のしにくさを表した量で、部材の曲げ強さは、断面の大きさと形状により定まる。断面二次モーメントはその性質を表したものである。また、断面係数Zは、断面二次モーメントを中立軸からの距離で割った係数であり、曲げモーメントを断面係数（面積のモーメントのようなもの）で割り、最大外形の曲げ応力を求める。

図 1.2.6 以外の形状の断面二次モーメント、断面係数は、機械実用便覧などを参照のこと。

※板の断面二次モーメントと断面係数の求め方

図 1.2.7 に板の断面を示す。図 1.2.7 より、幅b、厚さhの長方形断面の板材の断面二次モーメントIと断面係数Zを求める。

図 1.2.7 に示す中立軸から上側に距離yにある微少断面の幅をdyとすると、その微少面積は、$dA=bdy$になる。

断面二次モーメントは、この微少面積dAと中立軸から微少面積までの距離

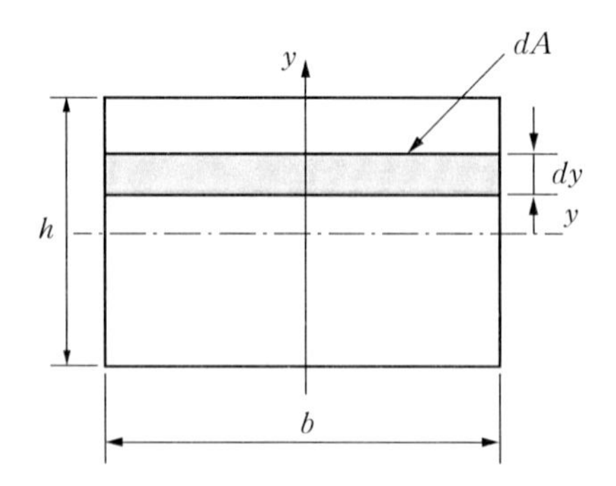

図 1.2.7　板の断面二次モーメント

y の 2 乗との積を、全断面にわたって集めた総和で、$I=\sum y^2 \mathrm{d}A$ になる。

中立軸の上側を＋、下側を－と考えると、y は $-h/2 \leqq y \leqq h/2$ の値をとるので、I は、式(1.2.14)になる。

$$I=\int_{-h/2}^{h/2} y^2 \mathrm{d}A=\int_{-h/2}^{h/2} y^2 b\mathrm{d}y=b\int_{-h/2}^{h/2} y^2 \mathrm{d}y=b\left[\frac{y^3}{3}\right]_{-h/2}^{h/2}=\frac{bh^3}{12} \tag{1.2.14}$$

また、断面係数 Z は、式(1.2.15)になる。

$$Z=\frac{I}{(y_c)}=\frac{bh^3/12}{h/2}=\frac{bh^2}{6} \tag{1.2.15}$$

（y_c：中立面から最外表面までの距離）

この他の断面でも、同じような方法で I、Z を求めることができる。

1.2.6　ねじり

ねじりは、**図 1.2.8** に示すような現象で、荷重の方向とそれを受ける面の方向が並行なので、せん断の１種だと考えればよい。

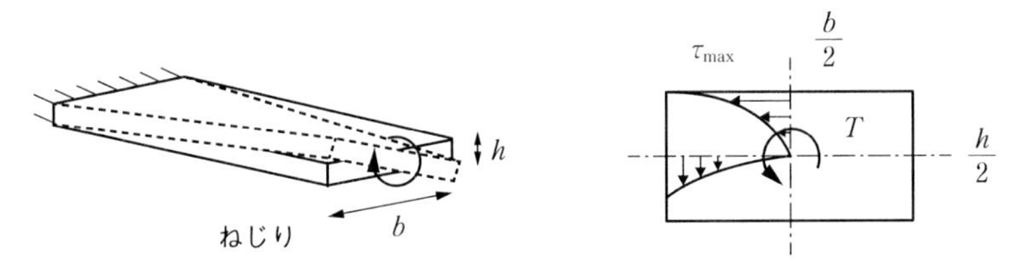

図 1.2.8　ねじり

ねじり応力は、中心に最も近い表面で最大値となる。

今回の板の場合、ねじり応力は式(1.2.16)になる。

$$\tau_{\max}=\frac{T}{Z_p}\left(=k_0\frac{T}{bh^2}\right) \tag{1.2.16}$$

ここで、Z_p は極断面係数と呼ばれ、固定端の板は式(1.2.17)になる。

$$Z_p=\frac{bh^2}{k_0} \qquad k_0 \fallingdotseq 3+1.8\left(\frac{h}{b}\right) \tag{1.2.17}$$

極断面係数 Z_p は、ねじりに対する物体の変形のしにくさを表した極断面二次モーメント I_p を中立軸からの距離で割った係数であり、トルクを極断面係数（面積のトルクのようなもの）で割り、ねじり応力を求める。

極断面二次モーメント I_p と極断面係数 Z_p の式は、機械実用便覧などを参照のこと。

1.2.7 応力—ひずみ線図と材料定数（ヤング率、降伏応力、引張り強さ）

節 1.2.1 でも述べた通り、物体の形状の影響を取り除くことで応力とひずみの関係は材料毎に定まり、**図 1.2.9** のような関係になる。

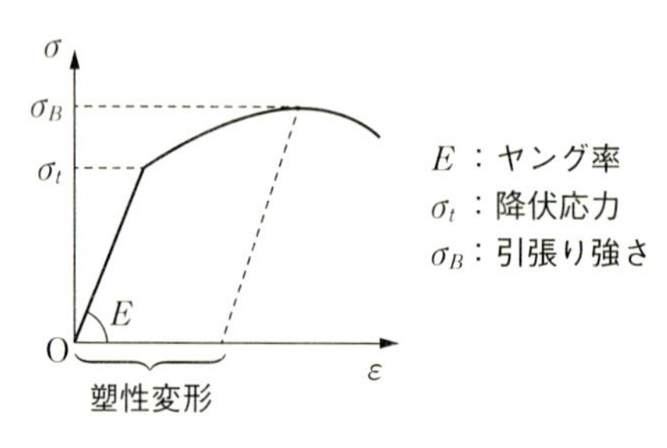

図 1.2.9 応力—ひずみ線図

図 1.2.9 を応力—ひずみ線図と呼び、応力をひずみで割った比例定数（図(1.2.9)の線の傾き）を弾性係数と呼ぶ。引張り・圧縮の場合は縦弾性係数（ヤング率）E、せん断の場合は横弾性係数 G と表す。また、応力とひずみの比例関係が崩れる直前の応力を降伏応力 σ_t と呼び、部材が破壊に至る最大応力を引張り強さ σ_B と呼ぶ。

E、G、σ_t、σ_B は、材料特有の定数で、σ_t 以上の負荷を部材にかけると、力を除去しても部材は元の形状に戻らない塑性領域に入る。強度設計では、まず、最初に σ_t 以下の設計を目指す。

1.2.8　材料の特性

使用する材料は、さまざまな特性を持っている。図 1.2.10 にその種類を示す。

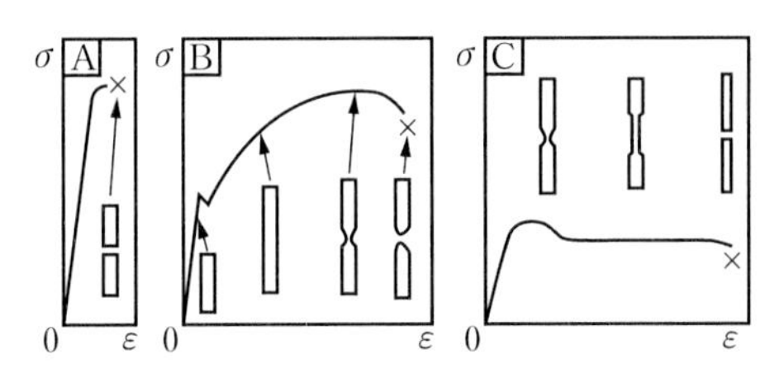

図 1.2.10　さまざまな材料の挙動

図 1.2.10 の A はコンクリートのような硬く脆い材料（脆性材料）、B は鉄鋼などの金属材料（延性材料）、C はプラスチックのような軟らかい材料（粘性材料）である。

制約条件や加工条件、使用環境に応じ、最適な材料を選定する。また、それぞれの特性の利点を活かすために、材料を組み合わせて活用する場合もある。使用する材料の特性を十分に理解しておくこと。以下に材料の使用事例を示す。

例１：鉄筋コンクリート

延性材料（曲げに対して強い）鉄筋と、脆性材料（引張り・曲げには弱いが、圧縮に強い）を組み合わせて、橋脚等に使用することで、圧縮力にも曲げ力にも強くなる。

例２：ポリカーボネート（略称　PC）

エンジアリングプラスチックであるポリカーボネート（略称　PC）は、プラスチックの中で強度は高いが、PC で製作した部材の使用環境下によっては、化学反応により脆くなる特性があり、ソルベントクラックと呼ばれる破壊を起こすことがある。強度が必要なところに用いられるが、耐油性を求められる箇所には、あまり、使わない方がよい。

例３：圧延材料

金属材料を冷間（または熱間）で圧延することで、ヤング率は変わらないが、加工硬化により、降伏応力 σ_t を向上することができる（図 1.2.11）。

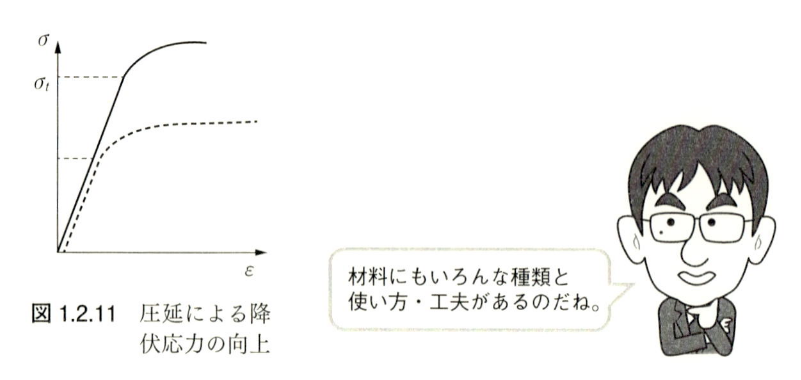

図 1.2.11　圧延による降伏応力の向上

他にも、耐摩耗性に強い樹脂（ポリアセタール：略称 POM）などもある。前述の通り、使用する環境や求められる特性を考慮した材料選定が有効になる。

1.2.9　疲労（平均応力と応力振幅、疲労限度）

部材に荷重が繰り返して作用すると、最初に微少亀裂が生じ、荷重の繰り返しとともに亀裂が成長し、やがて破断する。このような破壊を疲労破壊という（図 1.2.12）。機械および構造物に発生する破壊の中で、もっとも多い破壊は疲労破壊といわれている。

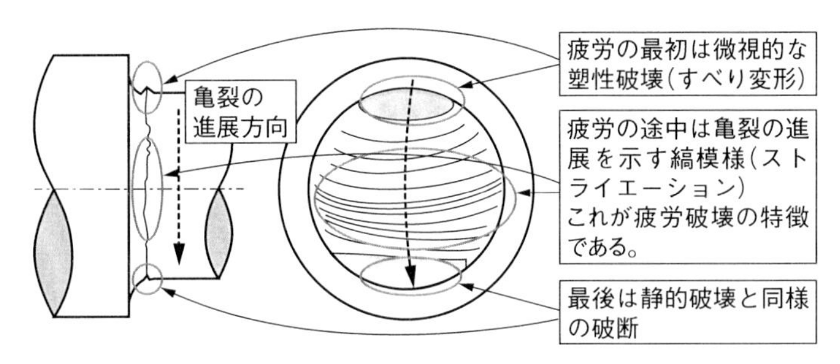

図 1.2.12　疲労破壊の破断面

疲労の破壊には、大きく２種類ある。破壊寿命が 10^4〜10^5 回の繰り返し数を境にして、それよりも高い繰り返し数の場合を高サイクル疲労、低い繰り返し数の場合を低サイクル疲労という。前者は、バネのように、降伏応力以下の負荷が 10^7〜10^8 回の繰り返し数に到達する機械部材などで問題になる疲労破壊である。また、後者は、電子基板上において 1000 回オーダーの繰り返し温度変動を受けるはんだ接合部の疲労破壊など、降伏応力以上の塑性変形や一定応力下での継時変化（クリープ）を含む繰り返し変動が問題になる疲労破壊である。

疲労時の材料強度は、一定振幅で負荷または強制変位を試験片に繰り返し与える疲労試験で求める（図 1.2.13）。

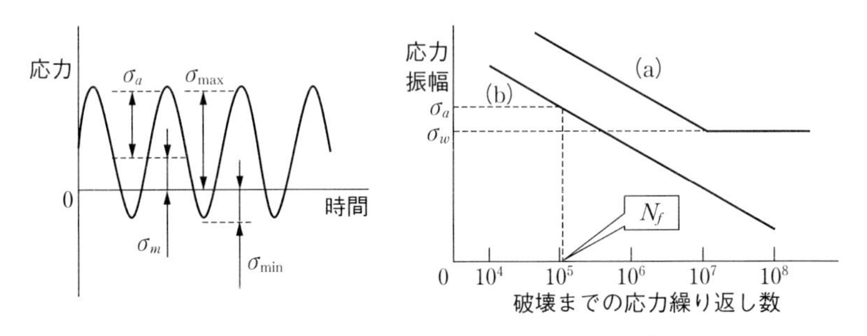

図 1.2.13　繰り返し荷重と疲労線図（S–N 線図）

図 1.2.13 において、σ_m を平均応力、σ_a を応力振幅という。得られた結果は縦軸に繰り返し応力、横軸に破壊までの負荷の繰り返し数の対数で表す疲労線

図（S–N線図）によって示される。

また、破壊までの繰り返し数を疲労寿命 N_f という。10^5 回以上の疲労の場合は、前述の通り、降伏応力よりも低い負荷の繰り返しによって破壊が起こる。

鉄鋼材料では 10^6～10^7 回以上で、それ以上負荷を繰り返しても壊れない応力がある。これを疲労限度 σ_w という。非鉄金属では、繰り返し数 10^7 回程度の強さを持って疲労限度とする。

疲労による破壊は、機械設計時に
起こる不良の約8割を占めるとも
言われています。
第1-3節で詳細を習得しましょう。

1.2.10　主応力

図 1.2.14 のように、せん断応力がなくなるように座標変換した場合に示される 3 つの引張り・圧縮応力を主応力と呼ぶ。σ_1 を最大主応力、σ_2 を中間主応力、σ_3 を最小主応力と呼ぶ。主応力には符号があり、＋側が最大主応力、－側が最小主応力となる。

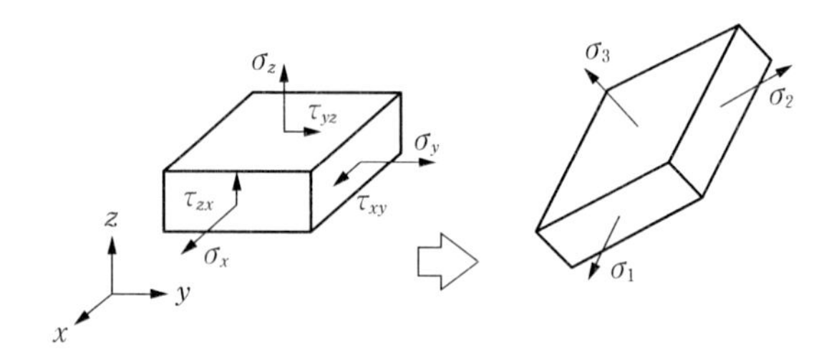

図 1.2.14　主応力（座標変換）

せん断応力がなくなるような座標系をつくり、引張り・圧縮の主応力で評価するほうが、材料試験（単軸引張りや曲げ試験）との比較が行いやすくなる。

1.2.11　相当応力（Von Mises応力）

相当応力 σ_e は、等方性材料において、「3つの主応力が同じであれば、部材は相似的に変形するので破壊しない（静水圧の中に部材を入れて取り出しても、変形していない)。3つの主応力の大きさにアンバランスが生じ、その差の合計が、単軸引張り試験の降伏応力 σ_t を超えた時に部材が塑性変形を起こし、引張り強さ σ_B を超えた時に部材が壊れる。」という破壊説のもとで定義された応力である。引張りとせん断による負荷が複合的に加わった際の、部材の降伏や破壊を判断する際に用いる。CAE の解析結果の表示でもよく用いられ、式(1.2.18)で表される。

$$\sigma_e=\sqrt{\frac{1}{2}\{(\sigma_1-\sigma_2)^2+(\sigma_2-\sigma_3)^2+(\sigma_3-\sigma_1)^2\}}$$

$$=\sqrt{\frac{1}{2}\{(\sigma_x-\sigma_y)^2+(\sigma_y-\sigma_z)^2+(\sigma_z-\sigma_x)^2+6(\tau_{xy}{}^2+\tau_{yz}{}^2+\tau_{zx}{}^2)\}} \tag{1.2.18}$$

式(1.2.18)より、以下のことが言える。

・一方向の応力だけを残し、他の応力を0とすると、単純引張りの値と同じになる。

例えば、σ_x 以外の値を0とすると $\sigma_e=\sigma_x$ となり、単軸引張りの値になる。

・せん断は引張りよりも低い応力値（τ は σ の $1/\sqrt{3}$）で破壊する。

例えば、τ_{xy} 以外の値を0とすると $\sigma_e=(\sqrt{3})\tau_{xy}$ となる。

なお、相当応力（Von Mises 応力）は、部材にかかる負荷を示すのみで、常に正の値を示すため、疲労の厳密な評価には Von Mises の式だけでは評価できない。疲労を評価する場合は、相当応力の主要因（引張り、せん断）とその方向を、主応力で判断する。

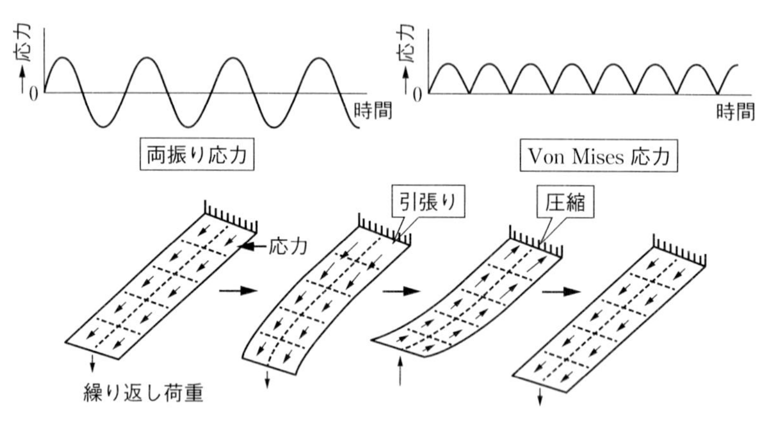

図 1.2.15　両振り応力の相当応力（Von Mises 応力）の変化と主応力による、疲労の評価法

1.2.12　共振（固有振動数）

一定の繰り返し荷重や強制変位を与える際は、ある決まった振動（周波数）がある。その周波数と、部材（今回の場合、片持ち梁）が持つ固有振動数（共振周波数）が同期すると、少ない荷重・強制変位でも、共振と呼ばれる現象が起き、部材に想定以上の負荷がかかり、破壊に至る場合がある。振動の種類としては、下記のものがある。

①自由振動

振動を評価するには非常に重要な振動である。強制振動や自励振動のもとになる物体の動特性が、すべて自由振動の中に含まれている。

$$m\ddot{x}+c\dot{x}+kx=0 \qquad (1.2.19)$$

k：バネ定数　　c：減衰係数

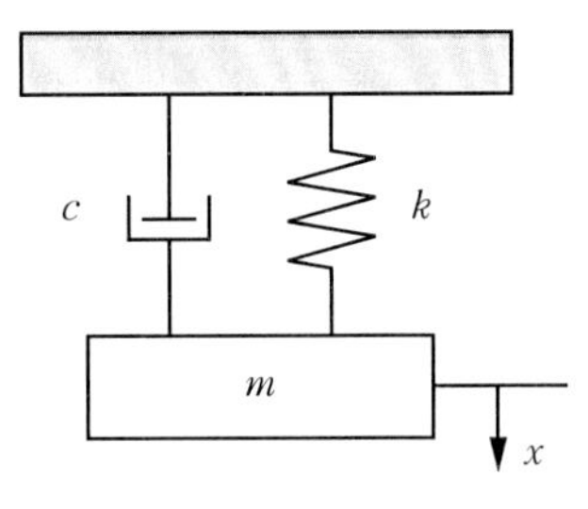

図 1.2.16　1自由度系の振動

②強制振動

過度振動（インパルス応答）と定常強制振動（周波数応答）がある。過渡振動は外作用による応答で、強制振動が定常状態になると、自由振動は消え、定常強制振動になり、これが疲労破壊の要因となる。

$$m\ddot{x}+c\dot{x}+kx=F \qquad (1.2.20)$$

③自励振動

自励振動とは、一見振動とは無関係なエネルギーが振動のエネルギーに変換されて発生する振動をいう。チョークで黒板に文字を書くときに発する「キー音」は自励振動である。

○1自由度系の固有振動数

図 1.2.16 に示す1自由度系において、減衰がない場合（式(1.2.20)の減衰係数 $c=0$、荷重 $F=0$ の場合）の固有振動数を求める。

$$m\ddot{x}+kx=0 \qquad (1.2.21)$$

ここで、$x=A_0\sin\omega t$（A_0：振幅、ω：角振動数［rad/s］、t：時間［s］）とおくと、式(1.2.21)は次のようになる。

$-mA_0\omega^2\sin\omega t+kA_0\sin\omega t=0$ より、$-m\omega^2+k=0$

$$\omega=\sqrt{\frac{k}{m}}$$

ここで、$\omega=2\pi f$ (f: 固有振動数) より、f は式(1.2.22)になる。

$$f=\frac{1}{2\pi}\sqrt{\frac{k}{m}} \qquad (1.2.22)$$

○片持ち梁の固有振動数

図 1.2.17 に示す長さ l、幅 b、厚さ h、長方形の断面積 A、ヤング率 E、密度 ρ_0 の片持ち梁のモデルについて、固有振動数を求める。

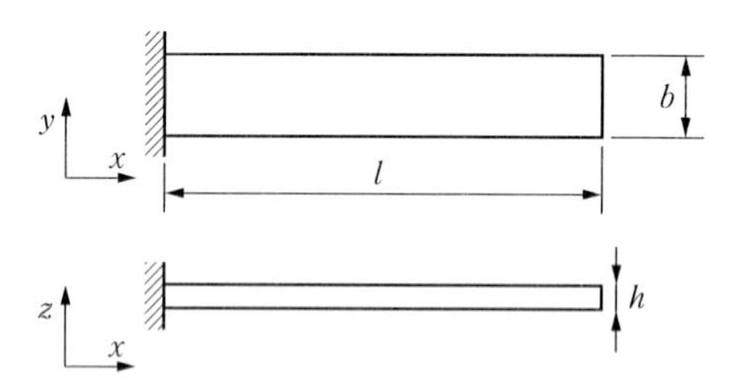

図 1.2.17 片持ち梁

一般に、梁の i 次の曲げモードの固有値 f_i は式(1.2.23)になる。

$$f_i=\sqrt{\frac{E\cdot I}{\rho_0\cdot A}}\cdot\frac{(\lambda_i)^2}{2\pi l^2} \qquad (1.2.23)$$

$$I=\frac{bh^3}{12}$$ (断面二次モーメント)

ここで、λ_i は振動モード毎の係数で、図 1.2.17 に示す片持ち梁の場合、**表 1.2.2** に示す通りとなる。

表 1.2.2 λ_i の値

モード	1	2	3	4
λ_i	1.875	4.694	7.855	10.998

上記の各振動モードは、**図 1.2.18**、**1.2.19** の通りである。

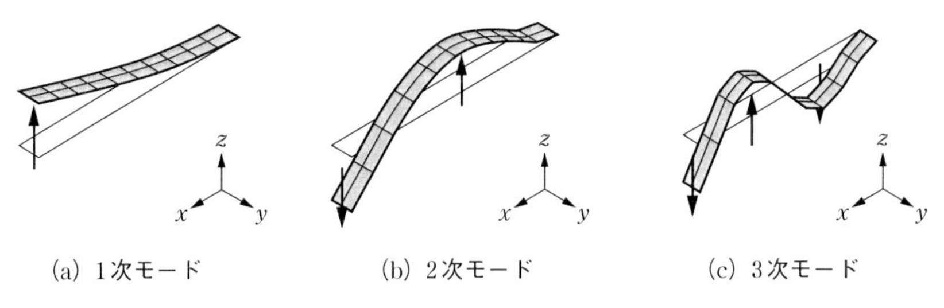

図 1.2.18　固有振動モード（1次〜3次）

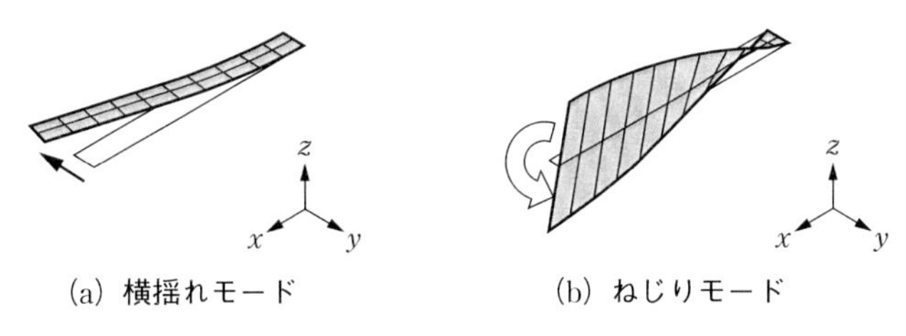

図 1.2.19　固有振動モード（その他のモード）

1.2.13　応力集中

図 1.2.20 に示すように、切り欠きの曲率半径 ρ ある断面がある場合、応力は切り欠き部に集中する。その時の平均応力 σ_n と切り欠き部の応力 σ_{max} との

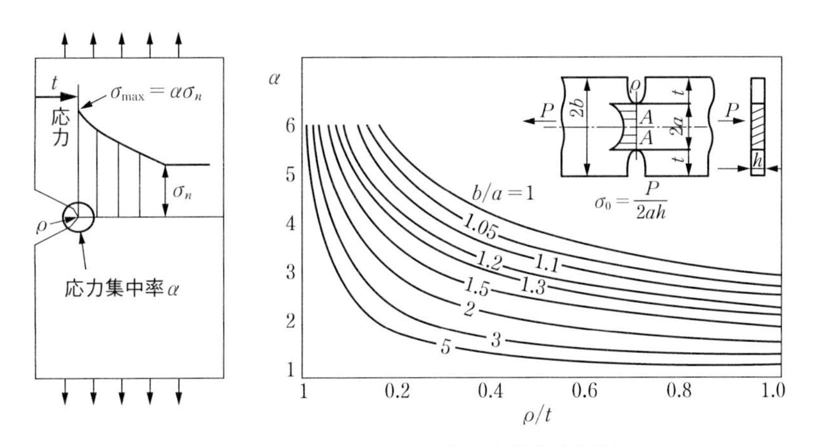

図 1.2.20　U 字切り欠き板の応力集中係数

割合を応力集中係数 α といい、式(1.2.24)のように表される。

$$\alpha = \sigma_{\max}/\sigma_n \qquad (1.2.24)$$

切り欠き深さ t が大きく、かつ、切り欠き部の曲率半径 ρ が小さいほど α は大きくなる。

1.2.14　座屈

部材に加わる負荷（圧縮）がある想定以上の値になると、急に大きなたわみが生じることがある。これを座屈といい、その時の荷重を座屈荷重、応力を座屈応力という。

長梁の軸方向に圧縮荷重を作用し、それがある限度値 P_k（座屈荷重）に達すると長梁は座屈する。片持ち梁の場合の座屈の例を**図 1.2.21** に示す。この時の座屈応力 σ_k は、P_k のオイラーの理論式により、式(1.2.25)で算出される。

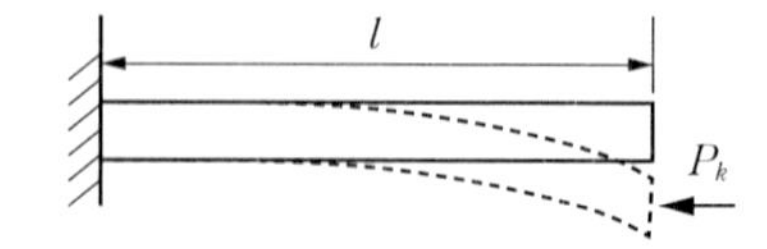

図 1.2.21　片持ち梁の座屈荷重

$$P_k = n\frac{\pi^2 EI}{l^2} \qquad \sigma_k = \frac{P_k}{A} \qquad (1.2.25)$$

なお、片持ち梁の場合、n=1/4

E：ヤング率、I：断面二次モーメント、A：断面積

片持ち梁以外（両端支持梁など）の座屈荷重、座屈応力については、機械実用便覧等を参照のこと。

それでは、ここで得た論理を用いて、強度設計をどのように行うかを次節で紹介する。

いよいよ次は、
本節で習ったことを使って、
設計の実践に入ります。

1.3　材料力学・固有値計算を用いた強度評価のポイント

強度設計においては、使用環境や加工条件を考慮した上で、部材の応力などを仕様以下に設計する。例えば、「繰り返し荷重による疲労を考慮した安全率を設定し、『降伏応力／安全率』で設計する。」などである。

設計仕様は、客先ニーズなどを考慮し、設計者自身が決定する。ここでは節1-2の図1.2.1に示すような片持ち梁の微少変形の場合を例にして、仕様以下に抑えるための検討方法を紹介する。

(1)　静荷重がかかった場合

(2)　衝突のような荷重がかかった場合

(3)　繰り返し荷重がかかった場合

(4)　応力集中への対応

1.3.1　静荷重がかかる場合

図1.3.1のような、長さl、幅b、厚みhの片持ち梁の先端に質量mの物体を、静かにのせた場合を例に考える。

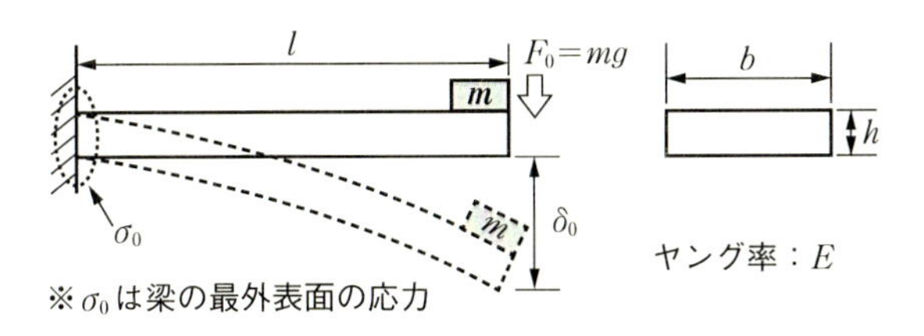

図1.3.1　梁のたわみと応力（静荷重の場合）

荷重とたわみ、荷重と応力（静的応力）、たわみと応力の関係は、式(1.3.1)～(1.3.5)の通りである。

・荷重と変位の関係

$$\delta_0 = \frac{F_0 l^3}{3EI} = \frac{mgl^3}{3E\left(\frac{bh^3}{12}\right)} = \frac{4mgl^3}{Ebh^3} \tag{1.3.1}$$

式(1.3.1)を荷重と変位の関係に置き換えると

$$F_0 = k\delta_0 \quad \rightarrow \quad F_0 = mg = \frac{Ebh^3}{4l^3}\delta_0 \tag{1.3.2}$$

※kは梁のたわみに対するバネ定数

式(1.3.2)よりkは次のように表される。

$$k = \frac{Ebh^3}{4l^3} \tag{1.3.3}$$

・荷重と応力の関係

$$\sigma_0 = \frac{M}{Z} = \frac{F_0 l}{I/\left(\frac{h}{2}\right)} = \frac{mgl}{\left(\frac{bh^3}{12}\right)/\left(\frac{h}{2}\right)} = \frac{6mgl}{bh^2} \tag{1.3.4}$$

・たわみと応力の関係：式(1.3.2)を式(1.3.4)に代入して、

$$\sigma_0 = \frac{6l}{bh^2} \cdot \frac{Ebh^3}{4l^3}\delta_0 = \frac{3Eh}{2l^2}\delta_0 \tag{1.3.5}$$

まずは、式(1.3.4)、あるいは式(1.3.5)から得られたσ_0と材料の降伏応力σ_Y、あるいは引張り強さσ_Bを比較し、1回の負荷で破壊しないかを確認する。

なお、梁を一種のバネと想定すると、バネ定数kは式(1.3.3)になる。

ここで注目すべきは、荷重で制御する場合と、たわみ（強制変位）で制御する場合に、応力σ_0の大きさに影響を及ぼす因子が異なってくることである。

(a)　荷重F_0（質量m）の制御中で、たわみδ_0、応力σ_0とも低減したい場合（式(1.3.1)と式(1.3.4)に着目）

・σ_0低減に一番有効なのは、板厚hを大きくすること。

・δ_0低減に一番有効なのは、板の長さlを小さく、または板厚hを大きくすること。

・σ_0 を変化させずに、δ_0 だけを小さくするには、E の大きな材質に変更すること。（ただし、材質により降伏応力 σ_t が変わるので、E を変更する時には、その材料の σ_t 以下に設計できているかを確認すること。）

(b)　たわみ δ_0 を制御し、荷重 F_0 と応力 σ_0 を低減したい場合

（式(1.3.2)と式(1.3.5)に着目）

・σ_0 低減に一番有効なのは、板の長さ l を大きくすること。

・F_0 低減に一番有効なのは、板厚 h を小さく、または、板の長さ l を大きくすること。

・σ_0 を変化させずに、F_0 だけを小さくするには、板幅 b を小さくすること。

荷重をかける場合と、強制変位をかける場合で、
h と l の影響が真逆になるのですね。
「応力を小さくするには剛性を上げればよい。」
という先入観は、求められる設計仕様によって
変えたほうがよさそうです。

次に、荷重がかかり続ける場合（クリープ性）を考える。厳密に議論できない場合は、過去の類似品の不具合状況などを考慮し、安全率を設定した設計を行う。厳密に評価を行う場合は、使用する材料について、一定負荷がかかった状態での単位時間あたりの伸び（ひずみ）を計測する材料試験を行い、ひずみ速度 $d\varepsilon/dt$ と応力の関係（例えば式(1.3.6)のような関係）を把握し、式(1.3.4)、(1.3.5)から得られる応力 σ_0 によるクリープ破壊を検討する。

$$\frac{\mathrm{d}\varepsilon}{\mathrm{d}t} = A{\sigma_0}^n \tag{1.3.6}$$

※　A、n は材料・使用環境（温度など）で決まる定数。

注：A は断面積ではない。

1.3.2　衝突のような荷重がかかる場合

図 1.3.1 と同様の片持ち梁で、質量 m の物体が高さ H から落下した場合を例に考える。衝突などの荷重が加わると、静的な場合よりも大きな応力（衝突応力）が瞬間的に生じる。

衝突応力を正しく求めるのは動弾性理論を用いる必要があるが、外力のエネルギーと物体に吸収されるエネルギーの関係（エネルギー保存則）を用いることで、その傾向を把握できる。

図 1.3.2 において、質量 m の物体の位置エネルギーがバネのエネルギーとして梁にすべて蓄えられる（式(1.3.7)）と考える。なお、k は式(1.3.3)を参照のこと。

$$F(H+\delta)=\frac{1}{2}\cdot k\cdot \delta^2 \quad\Rightarrow\quad mg(H+\delta)=\frac{1}{2}\cdot\frac{Ebh^3}{4l^3}\cdot\delta^2 \tag{1.3.7}$$

一方、物体 m の衝突により発生する衝突応力 σ は、その時のたわみ δ を用

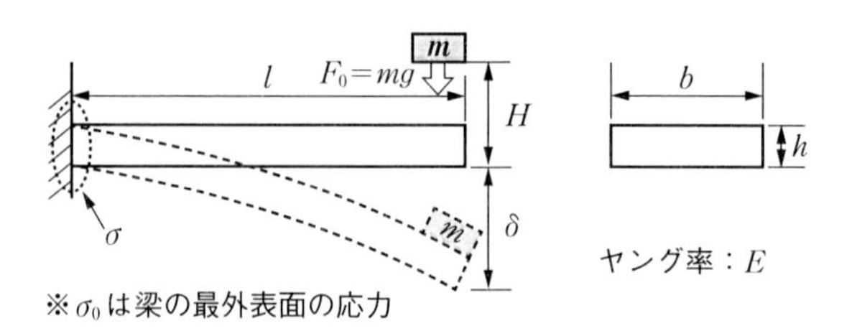

図 1.3.2　梁のたわみと応力（衝突の場合）

いれば、式(1.3.5)と同様、式(1.3.8)のように求められる。

$$\sigma=\frac{6l}{bh^2}\cdot\frac{Ebh^3}{4l^3}\delta=\frac{3Eh}{2l^2}\delta \tag{1.3.8}$$

式(1.3.7)と式(1.3.8)により衝突応力 σ を求めることができる。

式(1.3.8)を変形して、

$$\delta=\frac{2l^2}{3Eh}\sigma \tag{1.3.9}$$

式(1.3.9)を式(1.3.7)に代入する。

$$mg\left(H+\frac{2l^2}{3Eh}\sigma\right)=\frac{1}{2}\cdot\frac{Ebh^3}{4l^3}\left(\frac{2l^2}{3Eh}\sigma\right)^2$$

$$\therefore\frac{bhl}{18E}\sigma^2-\frac{2mgl^2}{3Eh}\sigma-mgH=0$$

解と係数の関係より、

$$\therefore\sigma=\left(\frac{\dfrac{2mgl^2}{3Eh}\pm\sqrt{\left(\dfrac{2mgl^2}{3Eh}\right)^2+\dfrac{4bhl}{18E}mgH}}{\dfrac{2bhl}{18E}}\right)$$

$$=\frac{6mgl}{bh^2}\pm\sqrt{\frac{36m^2g^2l^2}{b^2h^4}+\frac{18mgHE}{bhl}} \tag{1.3.10}$$

ここで式(1.3.4)、式(1.3.5)より、

$$\sigma_0=\frac{6mgl}{bh^2}\quad\therefore mg=\frac{bh^2\sigma_0}{6l},\quad\sigma_0=\frac{3Eh}{2l^2}\delta_0\quad\therefore\delta_0=\frac{2l^2}{3Eh}\sigma_0$$

なので、これらを式(1.3.10)に導入すると、式(1.3.11)になる。

$$\sigma=\sigma_0\left(1+\sqrt{1+\frac{3EhH}{l^2\sigma_0}}\right)=\sigma_0\left(1+\sqrt{1+2\frac{H}{\delta_0}}\right) \tag{1.3.11}$$

式(1.3.11)より、衝突応力 σ と節 1.3.1 で述べた静荷重による応力（静的応力）σ_0 とたわみ δ_0 との関係を得ることができる。

破壊するかどうかは、静荷重の場合と同様、式(1.3.11)から得られた衝突応

力σと材料の降伏応力σ_Y、あるいは引張り強さσ_Bとを比較することで検討する。なお、式(1.3.11)より、物体mを落下させる高さHに応じて、衝突応力σが静的応力の何倍になるかを把握することも可能となる。特に、$H=0$としても$\sigma=2\sigma_0$となり、衝突応力σを考慮する場合は、静的応力σ_0の2倍を見積もっておかなければならないこともわかる。

1.3.3 繰り返し荷重の場合

(1) 一定の繰り返し荷重がかかる場合

この場合は、「共振を避ける・共振を押さえる設計」「繰り返し荷重に耐える設計」が必要となる。

(a) 共振を避ける・共振を押さえる設計

節1.2の通り、構造物は必ず固有振動数を持っている。そのため、外力の振動数と構造物のもつ固有振動数が一致すれば共振という現象が起こり、小さな荷重および強制変位でも、共振により、構造物は大きく揺れ、破壊してしまう。そのため、共振を避ける、または押さえる対策が必要となる。

その考え方としては、大きく以下の二つが考えられる。

① 外力からの振動を把握して共振を避ける、または、固有振動数（共振周波数）をすばやく通り過ぎる設計を行う。

② 共振が起こることを想定し、共振のエネルギーを吸収する設計を行う。

①共振を避ける、共振周波数をすばやく通り過ぎる設計を行う

あらかじめ、振動数が想定できるのであれば、共振を避ける対策を行う。特に破壊に一番影響を及ぼすのは、一番低い固有振動数（1次モード）なので、1

次モードの振動数をできるだけ高くし、振幅を小さくするか、繰り返し負荷の周波数と一致しないようにする。

固有振動数は、節 1–2 でも述べた通り、以下の式となる。

$$f=\frac{1}{2\pi}\sqrt{\frac{k}{m}}$$（1 自由度系の固有振動数）　式(1.3.12)

$$f_i=\sqrt{\frac{E\cdot I}{\rho\cdot A}}\cdot\frac{(\lambda_i)^2}{2\pi l^2}$$（はりの固有振動数）　式(1.3.13)

構造物の固有振動数を変えるためには、この式より構造物の質量 m か剛性（ヤング率）E、および形状を変更する。

対策としては、主に下記の通りとなる。

・材料の変更による対応

材料定数の中で、密度 ρ とヤング率 E が影響する。固有振動数を上げる場合は、ρ が小さい、あるいは E の大きな材料を使用する。

・形状変更

はりの場合、断面 2 次モーメント I、断面積 A、および梁の長さ l を変更する。特に、長方形断面の片持ち梁の場合は、厚み h を大きくするか長さ l を小さくすると、固有振動数を上げることができる。

・固定点の増加

構造物の剛性は、単に剛性を変更するだけでなく、固定個所を変えることでも変更できる。例えば、片持ち梁の場合、モードの節以外の個所を固定することで、固有振動数を変えることができる。

・製品の固有振動数（共振周波数）をすばやく通り過ぎる。

1 次の固有振動数を低くしておくことにより（数 Hz 程度）、負荷のかかり始めは、振動によって共振が起こるが通常使用時は安定に稼動させる。

例えば、洗濯機は、頑丈に（剛性 k を大きく）設計しておいても、洗濯物や水を入れることで質量 m が増え、系全体の固有振動数が低くなってしまうので、日本の洗濯機はわざと 1 次の固有振動数を下げて、通常稼働時は共振しないような設計になっている。

②減衰を大きくする

どうしても共振が避けられない場合は、共振があることを想定して、共振を押さえる設計を行う。例えば、次のように対策を実施する。

- 防振ゴムを使用する。
- 動吸機器などを用いて、受動制振を行い、エネルギーを吸収する。

(b) 繰り返し荷重に耐える設計

○高サイクル疲労の場合

最初に F_m の荷重でセットした後、繰り返し負荷 $\pm F$ を加えた場合を考える。

図 1.3.3 の繰り返し荷重が付加された際の平均応力を σ_m、応力振幅を σ_a を**図 1.3.4** に示す。

得られた結果は縦軸に繰り返し応力、横軸に破壊までの繰り返し数の対数で表す S−N 線図によって示され、材料により決まってくる。通常は図 1.3.4 のような片振り試験、両振り試験より得られる S–N 線図（**図 1.3.5**）を作成する。

今回のように片振りと両振りの中間にあたるような条件の場合は、図 1.3.5 から得られる情報を基に、**図 1.3.6** に示すような疲労限度線図を作成したうえで、計算した σ_m、σ_a をプロットし、どの程度

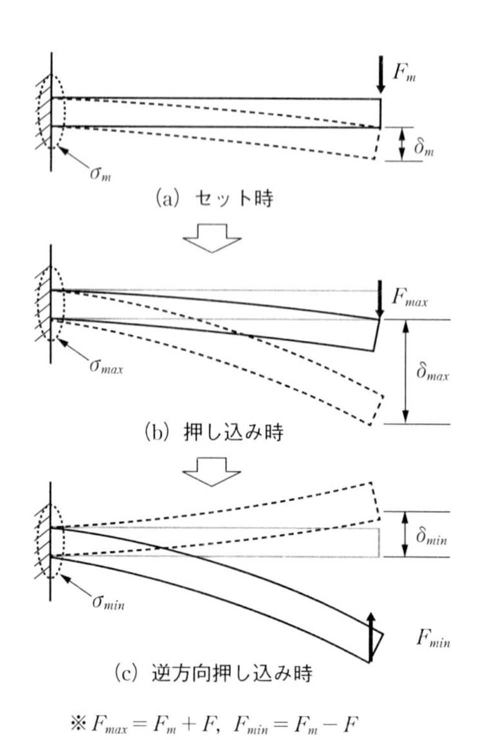

図 1.3.3 梁のたわみと応力（繰り返し荷重の場合）

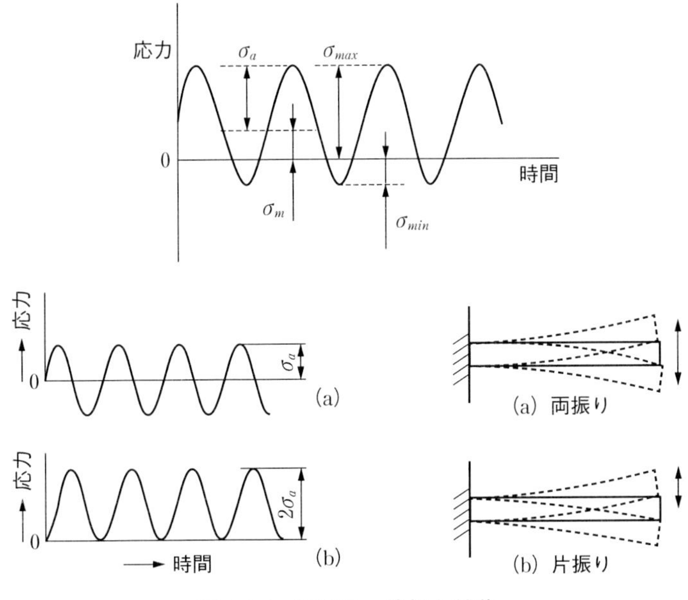

図 1.3.4　両振り、片振り試験

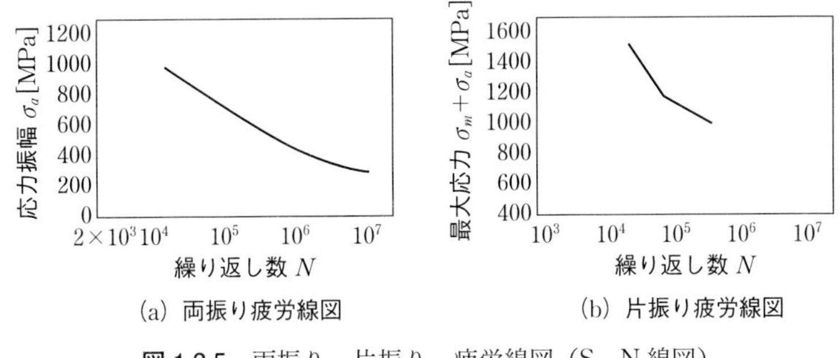

図 1.3.5　両振り・片振り　疲労線図（S－N 線図）

までの繰り返し数に耐えられるかを判断する。

※ $\sigma_m-\sigma_a$ 線図の書き方と使い方

- 引張り強さ σ_B を x 軸（平均応力　σ_m 軸）にプロットする。
- 降伏応力 σ_t を x 軸および y 軸（応力振幅　σ_a 軸）にプロットし、線を引く（S－S′）。

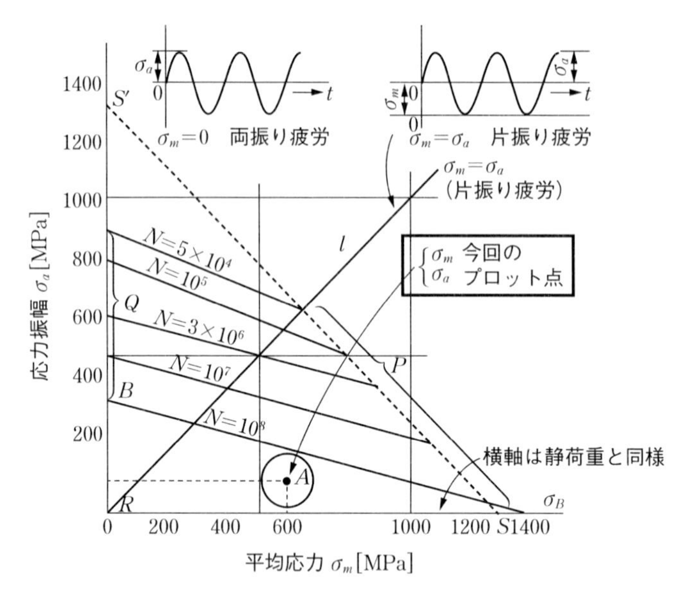

図 1.3.6　疲労限度線図（$\sigma_m-\sigma_a$ 線図）

・原点より 45°の線を引く（線 l)。

・S−N 線図より、両振り応力を y 軸に、片振り応力を線 l 上にプロットし、それぞれを結ぶ（P−Q 線。複数個できる)。

繰り返し数 N がどこまで必要かは仕様によりさまざまであるが、高サイクル疲労の目安は、繰り返し数 $N=10^8$ 回をクリアする応力 σ_w（疲労限度）以下になる設計、今回の場合は、算出した図 1.3.6 上プロットした点 A が $N=10^8$ 回の線より下になるように、式(1.3.1)～(1.3.5) などを用いて応力を下げる設

計を行う。

○低サイクル疲労の場合

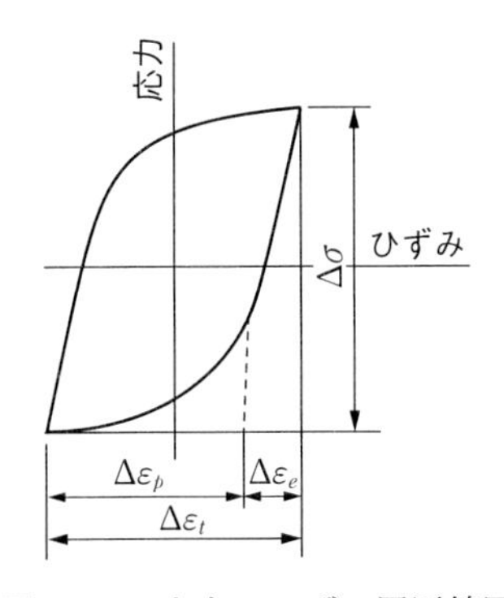

図 1.3.7　応力－ひずみ履歴線図

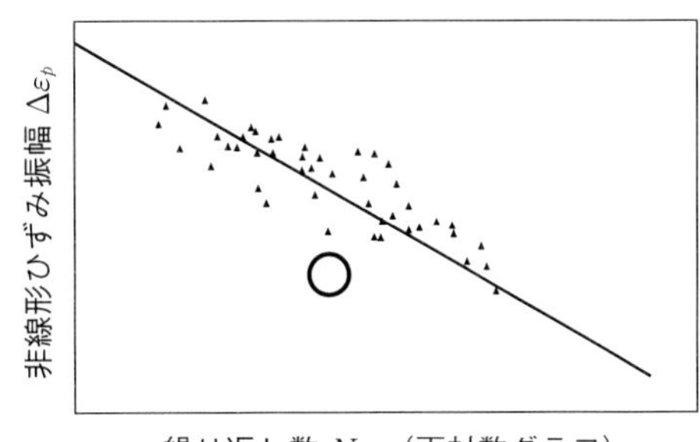

図 1.3.8　コフィンマンソン則

低サイクル疲労は前述の通り、塑性およびクリープを考慮した応力－ひずみ履歴挙動を示すような負荷状態の疲労を評価することが多く、その際、応力の変動幅が少ないこともあり、塑性ひずみやクリープひすみ振幅の繰り返し（非線形ひずみ振幅）を評価指標として用いる。$\Delta\varepsilon_t$ を全ひずみ範囲、$\Delta\varepsilon_p$ を非線形ひずみ範囲、$\Delta\varepsilon_e$ を弾性ひずみ範囲、$\Delta\sigma$ を応力範囲といい、これらの値の間には以下の関係がある。

$$\Delta\varepsilon_t = \Delta\varepsilon_p + \Delta\varepsilon_e = \Delta\varepsilon_p + \Delta\sigma/E \tag{1.3.14}$$

$\Delta\varepsilon_p$ と破壊までの繰り返し数 N_f の関係は、直線となり、次の式で表される。

$$\Delta\varepsilon_p N_f^a = \mathrm{C} \tag{1.3.15}$$

ここで式(1.3.15)をコフィンマンソン則（Coffin–Manson Law）という。低サイクル疲労で検討する破壊挙動としては、主に塑性およびクリープ等を含む材料非線形が支配的であることが多いため、評価として、式(1.3.15)を使用する。非線形ひずみなので、式(1.3.1)～(1.3.5)で直接、疲労を起こすひずみ量を算出することは難しいが、ひずみ低減という考え方としては、式(1.3.1)～(1.3.5)は活用できる。式(1.3.1)～(1.3.5)および、CAE を用いながら、**図 1.3.8** で示す疲労線図以下の設計を行う。

(2) 不規則な荷重の繰り返しに耐える設計

実際の製品にかかる負荷、強制変位は、不規則にかかる場合が多く、その場合には、式(1.3.16)に示す累積疲労損傷則を用いる。

$$D = \sum\left(\frac{n_i}{N_i}\right) \qquad (1.3.16)$$

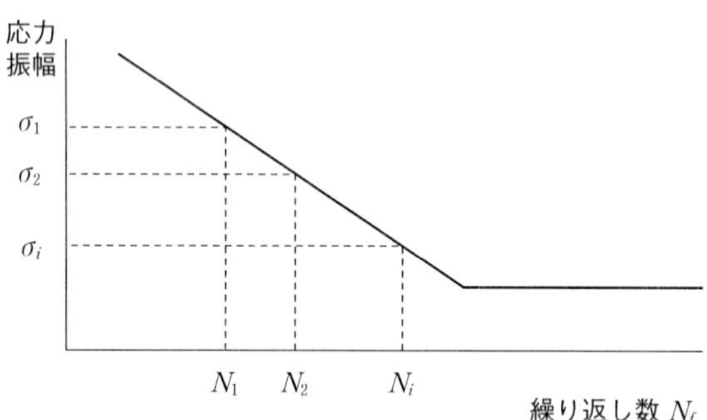

図 1.3.9 S–N 線図

例えば、**図 1.3.9** に示す疲労特性を持つ材料を使用するとし、設計案の疲労破壊を起こす可能性のある個所に、応力振幅 σ_1 が n_1 回、σ_2 が n_2 回、…σ_i が n_i 回加わるとする。それぞれの応力振幅に対し、繰り返し数の限度が N_1、N_2、…N_i 回なので、疲労のダメージ度合いは、それぞれ、

σ_1 の場合：n_1/N_1

σ_2 の場合：n_2/N_2

…

σ_i の場合　n_i/N_i

となる。これらの累計（式(1.3.16)）が、1 を超えなければ、設計案は疲労による破壊を起こさないということになる。1 を超えない対策としては、やはり式(1.3.1)～(1.3.5)を用いて、応力を低減することである。

※鋼における引張り強さと疲労限度の関係（目安）

鉄鋼材料の引張り強さと疲労限度には、大まかではあるが比例関係が成り立つといわれている。回転曲げでは引張り強さの 0.35～0.64、両振りねじりでは

0.22～0.37が疲労限度といわれている。使用する材料の疲労に関する情報がない場合は参考のこと。

(3)　疲労破壊を避けるその他の対策

前述のほかに、疲労破壊を避けるための工夫としては以下のものがある。実践してみてほしい。

(a)　表面状態、環境の影響

材料の表面状態は疲労に大きな影響を及ぼす。繰り返し応力がかかる個所に切り欠き等を入れるのはもちろん避けるべきであるが、意図的な切り欠き以外にも、例えば、鉄鋼材料の場合、旋盤などで機械仕上げした場合の疲労限度は、紙やすりなどで鏡面仕上げした場合よりも0～30％低くなり、鍛造、熱処理による黒皮付きの場合は20～40％低下するといわれている。その理由は、材料の表面が粗いと、疲労の起点となる微少亀裂が発生しやすくなるためである。また、酸・アルカリ性溶液中、塩水、淡水などの腐食性環境下でも疲労限度は低下する。上記が起こらないような注意が必要である。

鉄鋼材料であれば、以下の対策が有効である。

・高周波焼入れ・浸炭、窒化処理などを施し、材料表面の硬化に加え、表面に大きな残留圧縮応力を与えて、疲労限度を向上する。

・ショットピーニングや圧延ロールにより、材料表面に機械的に残留応力（圧縮応力）を与える。

(b)　寸法効果の影響

丸棒の曲げ荷重が作用した時、曲げ応力が同じだとしても、丸棒の直径が大きくなると疲労による強度が低下する傾向にある。これは、棒の直径が大きいほうが、棒の表面積が大きくなり、細かな亀裂や欠陥を含む確率が高くなるためである。丸棒の曲げ荷重の際には、棒の表面の処理（特にR部）の亀裂・欠陥に対する処理が必要になる。

(c)　温度の影響

使用環境の温度が高くなると、材料の持つ疲労限度は変化する。例えば、炭素鋼などでは、300℃以上の温度になると、疲労限度が低下する場合も見受けられるので、使用温度に注意する。

1.3.4 応力集中への対応

図 1.3.10 に示すような軽量化を狙った片持ち梁の計算の際は、切り欠き部のR（曲率半径 ρ）を考慮した応力の計算が必要になる。

なお、CAE では、切り欠き部のメッシュ分割を細かくすることで応力集中係数 α を考慮した計算ができる。なお、CAE における R 部のメッシュ分割は、1/4 円を 8〜12 分割くらいでよいといわれている。（これについては、節 1-4 で検証してみる。）

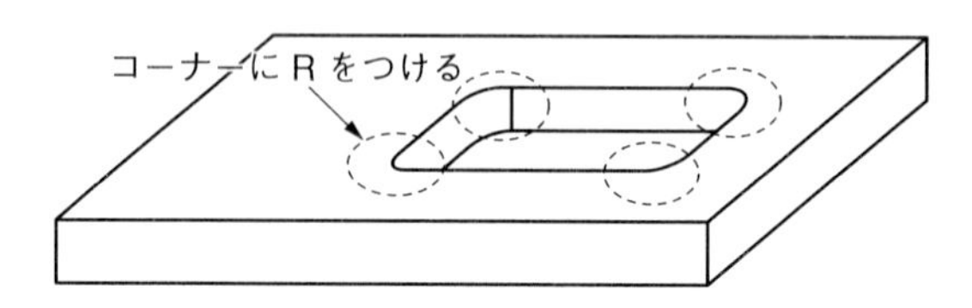

図 1.3.10 軽量化時の応力集中をさける対策

同様に、疲労においても、平滑試験片の疲労限度と切り欠き試験片の疲労限度の割合を示した「切り欠き係数 β」がある。

$$切り欠き係数\ \beta = 平滑試験片の疲労限度/切り欠き試験片の疲労限度 \quad (1.3.17)$$

これも、CAE では、応力集中部のメッシュ分割を細かくする（切り欠き部を 8 分割程度）で切り欠き係数を考慮した計算が行えるので、覚えておこう。

節1.2でも述べましたが、
できれば、応力集中を起こさない
形状で設計してくださいね。

それでは次に、この章の最後として、

・材料力学とCAE（構造解析）の関係
・片持ち梁などを用いた、材料力学・振動（固有値）とCAEの結果の比較
・CAEの活用で注意するポイント

について、次の節で述べる。

ようやくですが、次の節で
CAEと材料力学・固有値計算の
関係を示します。

1.4 材料力学・固有値解析とCAE（構造解析・固有値解析）の関係。CAE活用時の注意点

節 1.1～1.3 で、強度計算における仮説と検証の行い方、そのベースとなる材料力学の基礎、および材料力学から得られた知見を、設計にどのように活かしていくかについて述べた。ただ、実際の設計形状や負荷のかかり方は複雑であり、CAE を用いた論理的な検討が必要になってきている。

ここでは、

・CAE とは何か？

・CAE と材料力学との関係

・CAE と材料力学・固有値計算の比較

・CAE を設計で活用する上での注意点

について述べる。

1.4.1 CAEとは？

CAE (Computer Aided Engineering) とは、「コンピュータ技術を活用して製品の設計、製造や工程設計の検討の支援を行うこと、またはそれを行うツールである。」と定義される。CAE には大きく二つの意味がある。

○広義の CAE：CAD (Computer Aided Design) や CAM (Computer Aided Manufacturing) なども含めて、設計支援を行うこと、またはそれを行うツール全般を示す。

○狭義の CAE：有限要素法などの数値解析手法を用い、製品の設計・開発において、工学的な手法による解析、シミュレーションをコンピュータによって支援すること。（コンピュータシミュレーション）

ここでは、「狭義の CAE」について説明していくが、私は、この狭義の CAE を、「自然現象の中で、先人が論理化したものを用いて技術者が設計等

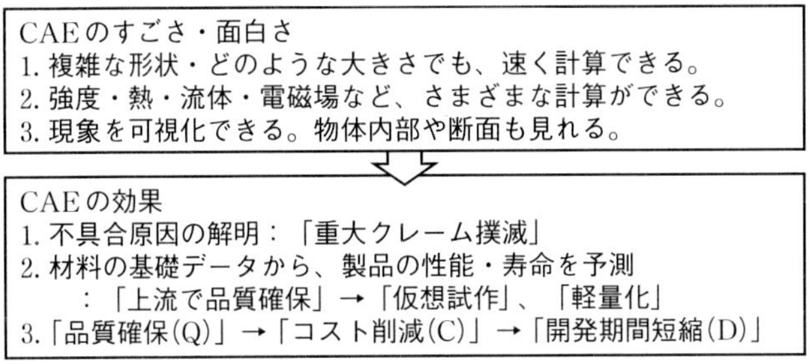

CAEのすごさ・面白さ
1. 複雑な形状・どのような大きさでも、速く計算できる。
2. 強度・熱・流体・電磁場など、さまざまな計算ができる。
3. 現象を可視化できる。物体内部や断面も見れる。

⇩

CAEの効果
1. 不具合原因の解明：「重大クレーム撲滅」
2. 材料の基礎データから、製品の性能・寿命を予測
　　：「上流で品質確保」→「仮想試作」、「軽量化」
3.「品質確保(Q)」→「コスト削減(C)」→「開発期間短縮(D)」

図 1.4.1　CAE のメリットと効果

の中で想定した課題（仮説）を検証する道具の一つ。」と理解している。

私の考える CAE のメリットと効果を**図 1.4.1** に示す。

私は、このメリットと効果を活かすことで、設計のフロントローディングで、QCD 削減が行えるものと考えている。商品開発プロセスを分析し、適切なプロセスに必要な CAE を組み込めば、上記のことが達成できると考えている。

1.4.2　構造解析CAEと材料力学の関係

構造解析 CAE の計算の流れを**図 1.4.2** に示す。

CAE では、形状と材料定数、境界条件（固定条件など）を入力データとし、有限要素法という離散化手法を用いて、

①　荷重と変位の関係を表す式（**K** マトリクスをベースとした行列）

②　変位とひずみの関係を表す式（**B** マトリクスをベースとした行列）

③　応力とひずみの関係を表す式（**D** マトリクスをベースとした行列）

を解く。ただし、上記①～③の 3 式では答えが得られないため、CAE の中では

④　外力の仕事の釣り合い

から、応力を求め、③→②→①と計算していき、ひずみや変位を求めていく。

これは、節 1.2.1 で述べた式(1.2.1)～(1.2.3)において、

①に対応するものが、式(1.2.1)

②に対応するものが、式(1.2.2)

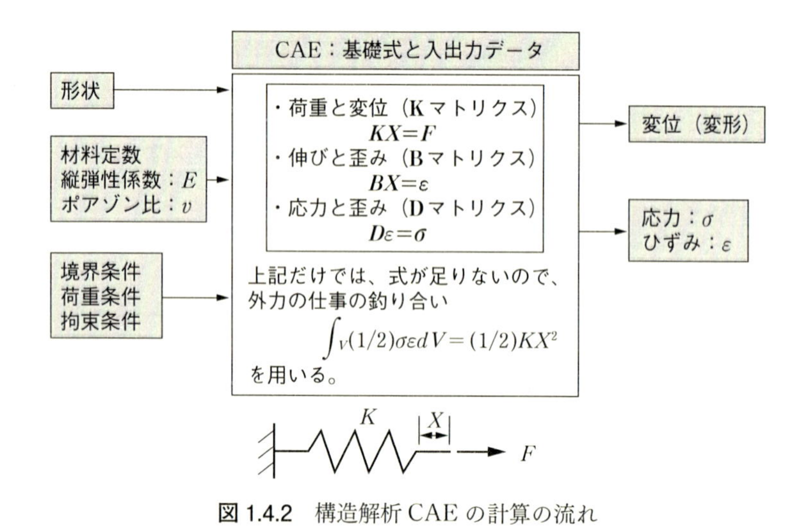

図 1.4.2　構造解析 CAE の計算の流れ

③、④に対応するものが、式(1.2.3)

と考えると、有限要素法の離散化手法による誤差を除けば、CAE と材料力学は同じことを解いているのである。

※有限要素法については、ここでは詳しく述べない。日刊工業新聞社刊の「塾長秘伝　有限要素法の学び方！」を参照のこと。

1.4.3　CAEと材料力学・固有値計算との比較

それでは、CAE と材料力学や固有値計算との誤差はどの程度あるのだろうか？　それぞれ、CAE と論理計算の比較を行ってみよう。なお、本節では、CAE はすべて、MSC ソフトウェア社の MARC を用いている。

（1）　曲げの場合

図 1.4.3 に示すような片持ち梁を考える。

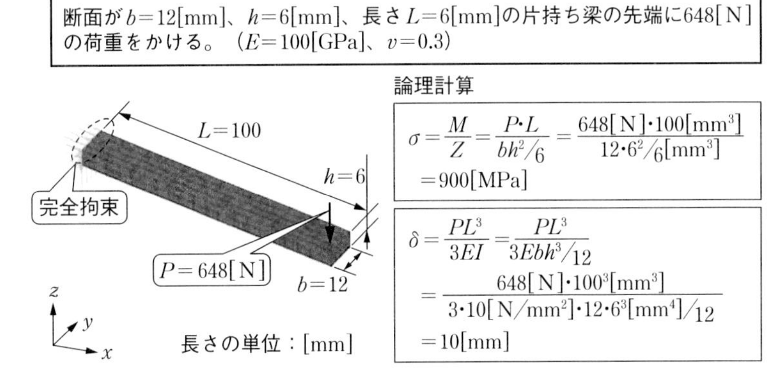

図 1.4.3　解析事例（片持ち梁）と論理計算結果

CAE 特有のメッシュ分割数であるが、図 1.4.3 の場合、6 面体（ヘキサ）要素と 4 面体（テトラ）要素を用いて、長手方向（L）は 20 分割、幅方向（b）は 4 分割、厚み方向（h）は 4 分割の粗いメッシュ分割数で解いている。なお、4 面体要素にした場合は、6 面体（ヘキサ）要素を 2 分割したと考えてもらえばよい。

解析結果の一覧を**表 1.4.1** に示す。

表 1.4.1 の中で、要素タイプと呼ばれるものは、**図 1.4.4** に示す通りである。要素の種類には「低次要素」と「高次要素」がある。低次要素は、節点間は基本的に「曲がらないもの」として解かれるため、論理計算よりも変形しにくく、たわみまたは応力の値が小さくなる傾向にある。また、「option」の「assumed」と記述しているのは、「想定ひずみ法」と呼ばれるものである。「想定ひずみ法」を用いると、6 面体（ヘキサ）要素の場合、低次要素でも擬似的ではあるが、節点間が 2 次曲線的に曲がるものだと理解すればよい。

表 1.4.1　CAE と論理計算の比較

モデル No.	要素 No.	要素タイプ	option	最大たわみ	誤差率	最大応力 σ_{xx}	誤差率
				[mm]	[%]	MPa	[%]
	論理計算			10.0		900	
1	#7	ヘキサ低次		7.6	24.0	819	17.2
2	#7	ヘキサ低次	assumed	9.9	1.0	876 ※ ν=0.001 で 880	0.1
3	#134	テトラ低次		7.3	27.0	632	44.9
4	#127	テトラ高次		10.0	0.0	956 ※ ν=0.001 で 901	0.0

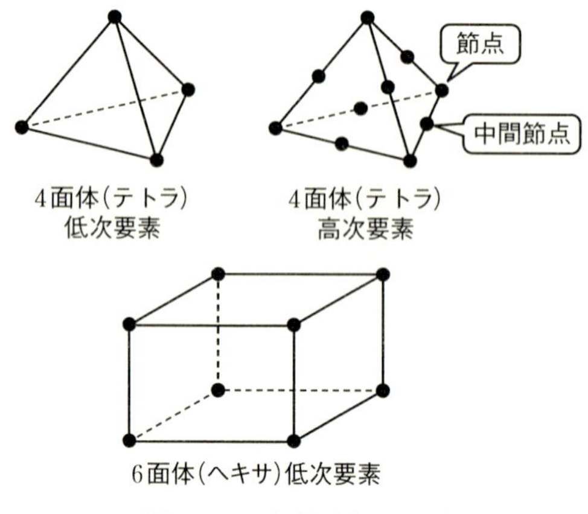

図 1.4.4　各種要素タイプ

表 1.4.1 より、下記のことがいえる。

- 4 面体（テトラ）、6 面体（ヘキサ）の低次要素を用いた場合、たわみ、応力とも誤差が大きい。これは、上述の通りで節点間が「曲がらないもの」として解いているからである。ただし、その中でも 4 面体（テトラ）要素よりも、6 面体（ヘキサ）要素のほうが論理計算結果に近い。これが、「4 面体（テトラ）要素よりも 6 面体（ヘキサ）要素のほうがよい」といわれる所以である。
- 4 面体（テトラ）でも、図 1.4.4 のような中間節点を持つ高次要素であれば、

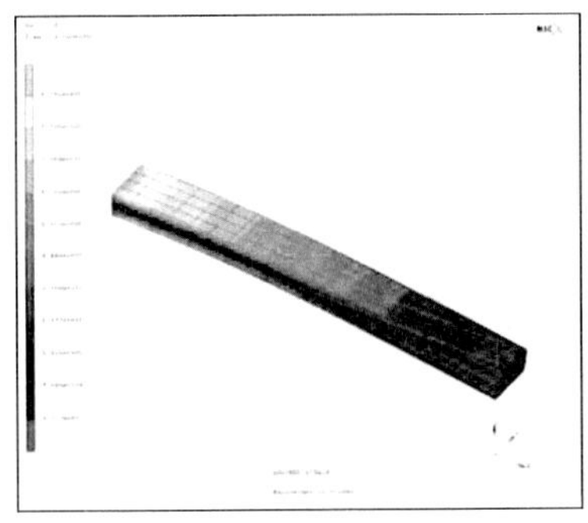

(a) モデル2 Von Mises応力

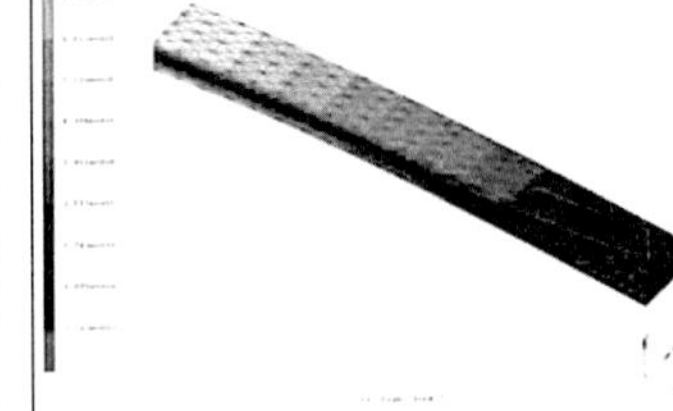

(b) モデル4 Von Mises応力

図 1.4.5　解析結果（曲げ）

中間節点で「曲がりやすく」なっているため、論理計算とCAEの結果は近くなる。6面体（ヘキサ）要素の低次でも、擬似的に節点間が曲がるという「想定ひずみ法」を使えば、論理計算にかなり近くなる。

・論理計算が本当に「正解」というわけではない。論理計算は図1.4.3の数式からも読み取れるように「ポアソン比　ν」の影響を無視している。CAEでポアソン比を0に近くしてあげることで、特に4面体（テトラ）の高次要素では、論理計算とほぼ一致する。今回の例の「真値」は、論理計算ではなく、ポアソン比の影響を考慮した、「4面体（テトラ）の高次要素」だと思われる。

(2)　せん断の場合

図 1.4.6 に示すような、せん断がかかる場合を考える。

論理計算とCAEの結果の比較を**表 1.4.2** に示す。

今回は、せん断が主にかかるモデル中央部のせん断応力と理論計算を比較した。その結果、曲げほど、CAEと論理計算に極端な誤差はなかった。

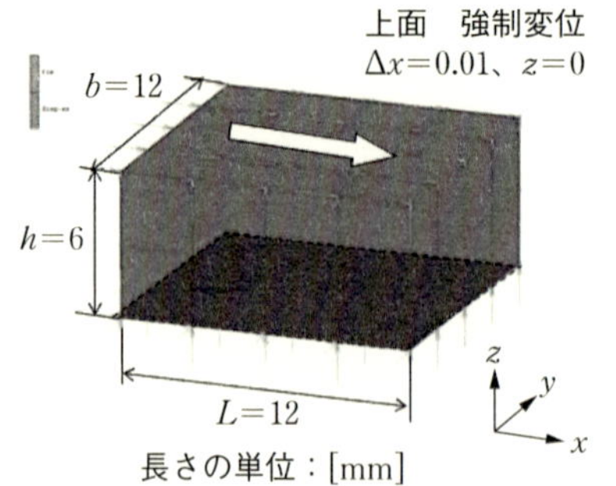

論理計算

$$\tau = G\cdot\gamma = \frac{E}{2(1+v)}\cdot\frac{\Delta x}{h}$$

$$= \frac{10^5[\mathrm{MPa}]}{2(1+0.001)}\cdot\frac{0.01[\mathrm{mm}]}{6[\mathrm{mm}]}$$

$$= 83.25[\mathrm{MPa}]$$

図 1.4.6　せん断力がかかる場合

表 1.4.2　せん断応力　論理計算と CAE 結果の比較

解析 No.	要素 No.	要素タイプ	option	中央部 せん断応力 σ_{zx}	誤差率
				MPa	[%]
理論				83.25	0.0
1	#7	ヘキサ低次		83.26	0.0
2	#7	ヘキサ低次	assumed	84.29	1.2
3	#134	テトラ低次		81.92	−1.6
4	#127	テトラ高次		85.01	2.1

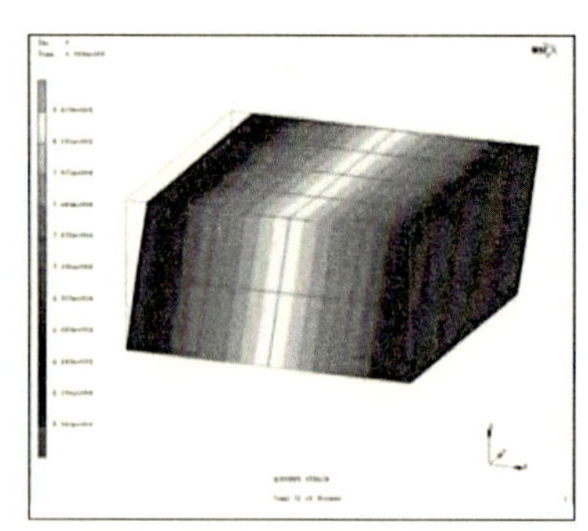

モデル2 せん断応力

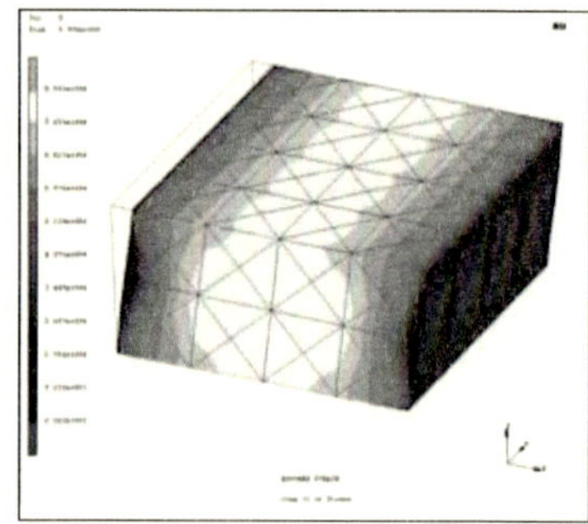

モデル4 せん断応力

図 1.4.7　解析結果（せん断）

ただし、一見、6 面体（ヘキサ）の低次要素（想定ひずみ法なし）が一致しているように見えるが、この論理計算もポアソン比 ν を考慮していないため、ポアソン比を考慮した真値は、4 面体（テトラ）の高次の値と思われる。

（3） 固有振動数の場合

図 1.4.8 に示す長さ L、幅 b、厚さ h、長方形の断面積 A の片持ち梁のモデルについて、固有振動数を求める。

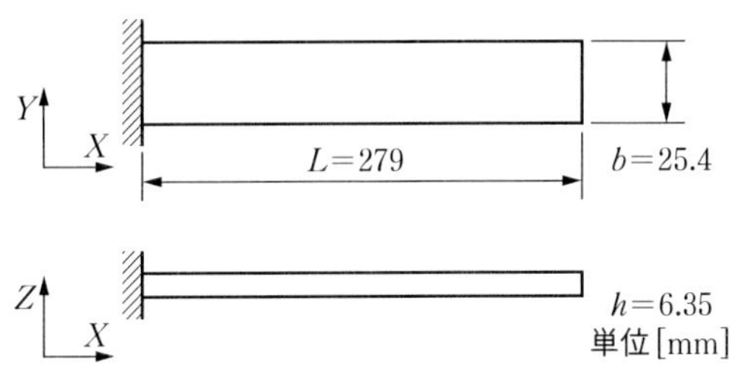

図 1.4.8　片持ち梁

このモデルの材料定数は次の通りとする。

ヤング率：E＝68.6 ［GPa］、ポアソン比：ν＝0.33、

密度：$\rho = 2.68 \times 10^{-6}$ ［kg/mm³］

論理計算は、節 1.2.12 で述べた数式と係数を用いる。

$$f_i = \sqrt{\frac{E \cdot I}{\rho \cdot A}} \cdot \frac{(\lambda_i)^2}{2\pi l^2} \tag{1.4.1}$$

なお、$I = \dfrac{bh^3}{12}$ （断面二次モーメント）

表 1.4.3　λ_i の値

モード	1	2	3	4
λ_i	1.875	4.694	7.855	10.998

表 1.4.4　固有値計算結果と CAE 結果の比較

モデル No.	要素 No.	要素タイプ	option	固有振動数（1 次）	誤差率
				[Hz]	[%]
	論理計算			66.7	
1	#7	ヘキサ低次		113.2	69.7
2	#7	ヘキサ低次	assumed	67.5	1.19
3	#134	テトラ低次		126.5	89.7
4	#127	テトラ高次		65.6	1.65

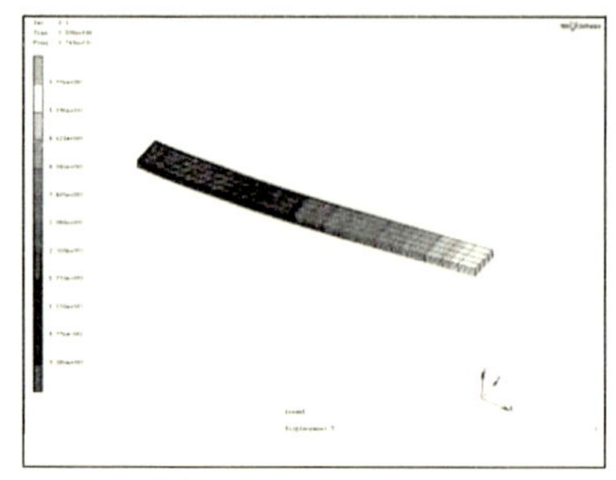

(a) モデル 2 固有振動数　　(b) モデル 4 固有振動数（1 次）

図 1.4.9　固有値解析結果（1 次モードと振動数）

論理計算と CAE の結果の比較を**表 1.4.4** に、代表的な 1 次モードの変形挙動を**図 1.4.9** に示す。なお、メッシュ分割数は例 1 と同様である。

表 1.4.4 から見てもわかる通り、例 1 同様、4 面体（テトラ）要素 2 次と想定ひずみ法を用いた 6 面体低次の結果は、2 %以内の誤差で論理計算と一致する。

(4)　応力集中箇所を持つ平板の場合

ここでは、節 1.2.13 で述べたような切り欠き入りの平板について、**図 1.4.10** に示すような引張りモデルで CAE のメッシュ分割の影響を見る。

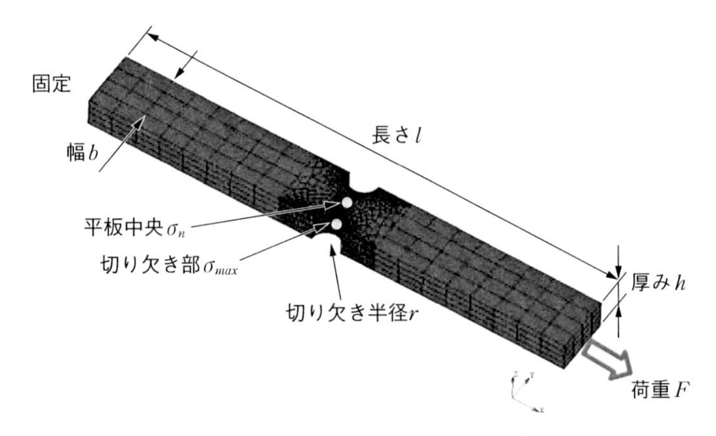

図 1.4.10　切り欠き入り CAE モデル

図 1.4.10 に示すような切り欠き板を引張る場合を考える。

形状は l=100［mm］、b=12［mm］、h=6［mm］、r=1［mm］、荷重は F=72［N］、材料定数は、ヤング率 E=100［GPa］、ポアソン比 ν=0.3 とする。

ここでは、6 面体（ヘキサ）要素、想定ひずみ法を設定したモデルで、切り欠き部 r（半円）の分割数と σ_n、σ_{max} と、応力集中係数 α を CAE で算出した。結果を**表 1.4.5** に示す。

表 1.4.5　切り欠きモデル　CAE 解析結果

切り欠き部（半円）のメッシュ分割数	平板中央応力 σ_n［MPa］	切り欠き部応力 σ_{max}［MPa］	応力集中係数 α
4（90°だと 2）	1.01	2.30	2.28
8（90°だと 4）	1.01	2.76	2.73
16（90°だと 8）	1.02	2.78	2.73
24（90°だと 12）	1.02	2.78	2.73
32（90°だと 16）	1.01	2.75	2.72

今回の例では、表 1.4.5 のように、切り欠き部のメッシュ分割数が半円で 8 分割（1/4 円で 4 分割）くらいから応力値および応力集中係数がほとんど変わらない。少し多めに見ても、CAE の結果は、1/4 円で 8〜12 分割くらいの値

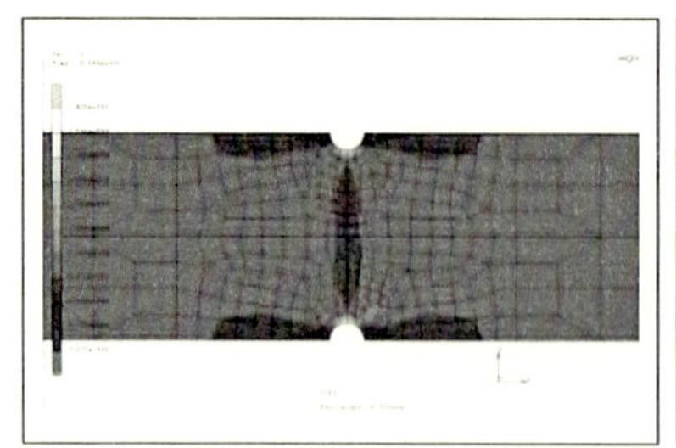

(a) 切り欠き部 半円8分割

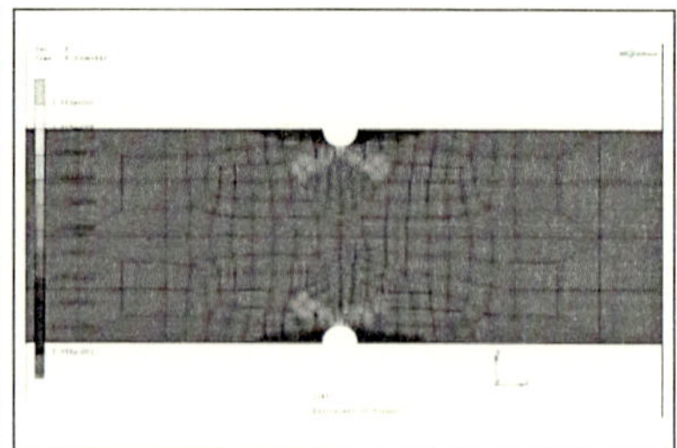

(b) 切り欠き部 半円24分割

図 1.4.11 切り欠き部の応力集中

を用いればよいと思われる。

節 1.2.13 の図 1.2.20 から今回のケース（図 1.2.19 の $b/a=1.2$、$\rho/t=1.0$）を読み取れば、応力拡大係数は 2.5～2.6 程度になるため、CAE の結果の方が安全側に出ている。

いろいろな設計によって、条件は異なってくると思うが、R 部のメッシュ分割は 8～12 分割くらいにしてもよい（計算を行う十分な時間がない時は 4 分割でもおおよその結果は想定できる）ものと思われる。

以上、4 種類のパターンで CAE と論理計算を比較してきたが、CAE 特有のメッシュタイプおよび分割数を間違えなければ、

CAE の結果 ≒ 論理計算

といえる。

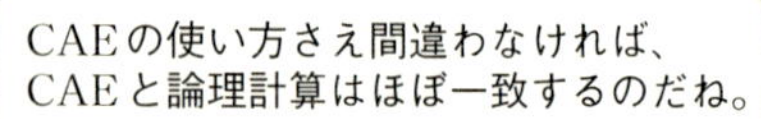

それではなぜ、CAE と実測の結果は一致しないのだろうか？

考えられるのは、以下のことである。

① 本節で述べたように、実験にフィットするCAEのメッシュタイプを選んでいない、または必要なメッシュ分割数を行っていない。
(CAE 設定上の問題)

② CAE で計算する時と実験とで、部材の固定状態が異なっている。
(CAE 設定上の問題)

③ CAE で計算を行う際に、設計形状になるまでの加工によるダメージを考慮していない。
(CAE を用いる際の検討不足)

④ CAE を計算する際に入力する材料定数や、設計寸法に誤差がある。または、実測そのものの誤差がある。(設計上の問題)

⑤ 現状のCAE では計算できない使用環境・材料劣化などが考慮されていないか、現状では解明できていない新たな論理が必要である。
(設計上の問題)

これらのことを事前に設計者がどの程度知っておくかが、CAE を有効に使用するカギとなる。①は本節で述べたので、②、③は次節、④、⑤は第4章で説明する。

1.4.4 CAEを設計で活用する上での注意点

節1.4.3で述べた通り、CAE と実測の誤差の原因は、五つあると説明した。本節では、そのうちの②、③、

・固定（拘束）条件の影響

・加工の影響を考慮した設計

について述べる。

(1) 固定（拘束）条件について

よく設計者が間違えるのが、CAE で計算を行う際の固定（拘束）条件である。

本節では、片持ち梁と両端支持梁で考えてみる。

CAE を実施する際には、設定する条件を以下の観点で検討する。

・実物はどのようになっているか（なると想定しているか？）

・実物（想定）に対して、CAE による解が安全側に作用するように条件設定しているか？

上記の仮説を立てて、固定条件を決定していく。

①片持ち梁の場合

片持ち梁の場合の、材料力学での固定条件と CAE での固定条件の違いを、**図 1.4.13** に示す。

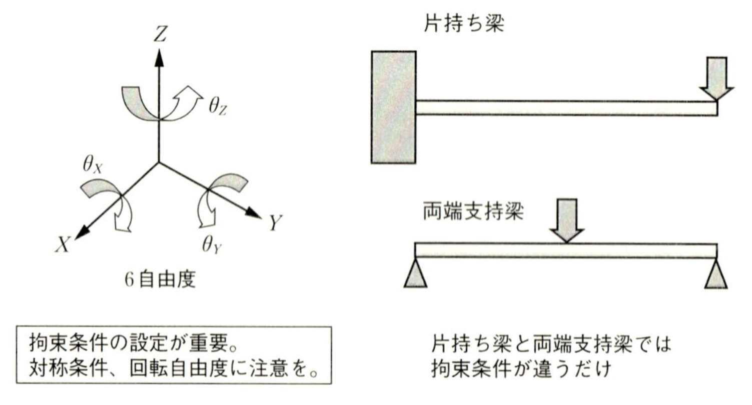

図 1.4.12　回転自由度と片持ち梁、両端支持梁

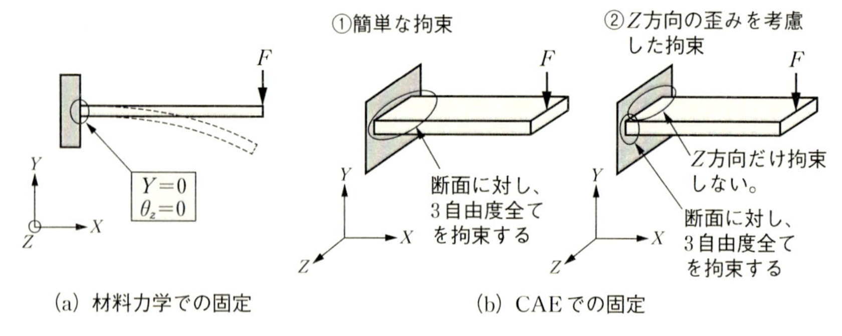

図 1.4.13　片持ち梁の固定条件（材料力学と CAE の違い）

材料力学では、暗黙の了解でZ方向は固定されているものとして数式がつくられているが、CAEの場合は、固定部が回転せず、かつ、奥行き方向に動かないように、断面部についてX、Y、Zをすべて固定する。なお、Z方向のポアソン比による伸びを考慮する場合は、断面の一番端の1辺はX、Y、Zとも固定するが、その他の面は、X、Y方向を固定する。

②両端支持梁の場合

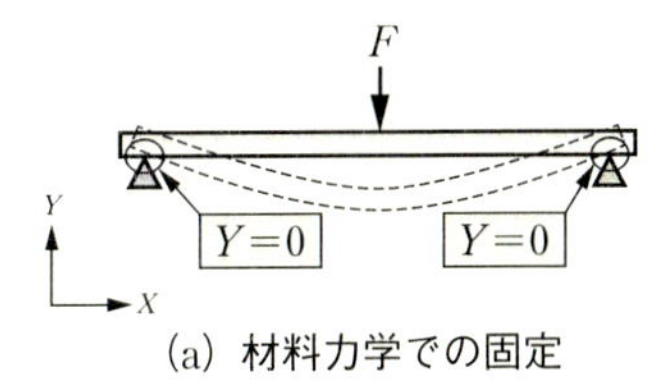

(a) 材料力学での固定

①簡単な拘束

X、Y、Z方向拘束　F　Y、Z方向拘束

②X方向、Z方向の変位を考慮した拘束

X、Y方向拘束　F　Y方向拘束

X、Y、Z方向拘束　Y、Z方向拘束

(b) CAEでの固定

図1.4.14　両端支持梁の固定条件（材料力学とCAEの違い）

両端支持梁も片持ち梁と同様である。材料力学では、暗黙の了解でX、Z方向は固定されているものとして数式がつくられているが、CAEの場合は、固定部が移動せず、かつ、奥行き方向に動かないように、支持の1辺をX、Y、Z方向すべて固定し、もう1辺はY、Z方向を固定する。なお、Z方向のポアソン比による伸びを考慮する場合は、一辺の一番端の1点はX、Y、Zとも固定、その他の片はX、Z方向を固定し、もう1辺の一番端はY、Z方向を固定、その他の片はZ方向を固定する。

(2) 設計における加工の影響

今回は金属の皿バネを例にとる。皿バネをそのままモデリングしても、皿バネの挙動を再現できない。これは、板を皿バネにする時に、加工硬化をおこしているところがあるからで、加工時の加工硬化を考慮した計算を行わなければならない。これを計算するためには、材料非線形解析の知識が必要となる。

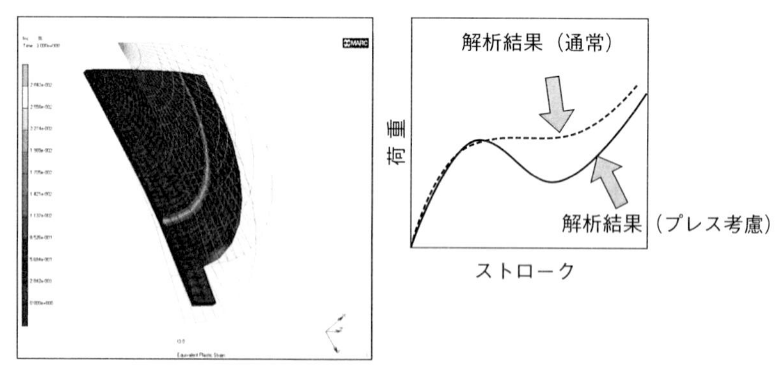

プレス時の残留応力を考慮した解析により実物のクリック感を再現

図 1.4.15 加工の影響を考慮した製品の性能特性評価

ここでは述べないが、詳細は、日刊工業新聞社刊の「塾長秘伝　有限要素法の学び方！」「解析塾秘伝　非線形構造解析の学び方！」を参照のこと。

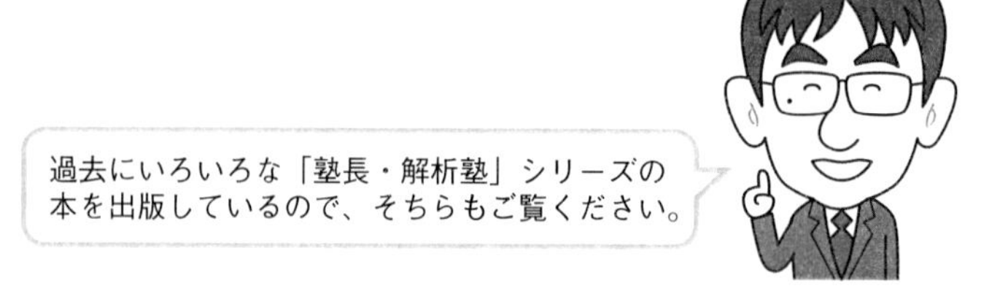

以上により、改めて、実験とCAEの値が一致しない原因をまとめると下記の通りになる。

① 実測にフィットするCAEのメッシュタイプを選んでいない、または必要なメッシュ分割数を行っていない。
(CAE設定上の問題)

② CAEと実測とでは、入力データ（境界条件など）が異なっている。
(CAE設定上の問題)

③ （上記にもつながるが）CAEで計算を行う際に、設計形状になるまでの加工によるダメージを考慮していない。
(CAEを用いる際の検討不足)

④ CAEを計算する際に入力する材料定数や、設計寸法に誤差がある。
または、実測そのものの誤差がある。(設計上の問題)

⑤ 現状のCAEでは計算できない使用環境・材料劣化などが考慮されていないか、現状では解明できていない新たな論理が必要である。
(設計上の問題)

このうち、本節で、構造解析・固有値計算についての①～③の原因と対策について説明した。④、⑤については、第4章で説明する。

また、放熱・樹脂成形についての①～③についての課題については、
伝熱工学・熱応力についての①～③の課題：第2章
樹脂成形についての①～③の課題　　　　：第3章
で説明する。

第1章　復習テスト

次の内容は、正解（○）か、誤り（×）か？

第1問

1自由度系の不減衰自由振動の運動方程式　$m(\mathrm{d}^2x/\mathrm{d}t^2)+kx=0$

（m：質量、k：バネ定数、x：変位、t：時間）

における固有振動数fは、$f=\left(\dfrac{1}{2\pi}\right)\sqrt{\dfrac{k}{m}}$ で表される。

第2問

長辺b、短辺hの長方形断面の棒が捩られる時のせん断応力は、ねじりによる断面が反る効果を考えて計算され、その最大値$\tau_{\max}$は、長辺中央になる。

$$\tau_{\max}=\frac{T}{Z_p}\left(=k_0\frac{T}{bh^2}\right)$$

T：ねじりトルク　　k_0：h/bで決まる定数

第3問

疲労破壊の場合、最初に微少亀裂が発生し、荷重の繰り返しとともにフローマークと呼ばれる縞模様を残しながら亀裂が成長。最後は、静的破壊と同様の破断現象を起こして、破壊に至る。機械および構造物に発生する破壊の中でもっとも多い破壊は疲労破壊といわれている。

第4問

幅 b、厚み t、長さ L の片持ち梁について、

・先端の厚みに垂直な方向に、微少変形する程度の荷重 F をかけた片持ち梁の場合、最大応力 σ_{max} は、部材のヤング率 E に依存しない。

・先端の厚みに垂直な方向に、微小変形する程度の強制変位 x をかけた片持ち梁の場合の最大応力 σ_{max} は、部材のヤング率 E に依存する。

第5問

構造解析の際に使用される有限要素法の構成式において、B マトリックスとは、ひずみと応力の関係を表す際に用いられるマトリックスである。

第6問

切欠き係数 β は、「平滑試験片（切欠きのない試験片）の疲労強度を、切欠試験片（切欠きがあり、その応力集中係数が α である試験片）の疲労限度で割ったものである。

第7問

等方性材料（延性材料）の場合、単純せん断の降伏応力 τ_{e} は、単純引張りの降伏応力 σ_{e} の $1/\sqrt{3}$ である。

第8問

振動を減少させる方法としては、下記のようなものが考えられる。

1. 質量・剛性を調整し、共振をさける。
2. スポンジやゴムなどをはさんで、振動を減衰させる。
3. 加振点を固有振動モードの腹に一致させる
4. 加振するモーターの周波数などがわかっている場合は、共振点をすばやく通過させる。

第 9 問

熱処理とは、鋼などの金属材料に所要の性質を与えるための調質を目的とした加熱と冷却の諸条件の総称である。

そのうちの一つである焼きなましは、鋼を適度な温度に加熱し、その温度に保持した後徐冷する操作で、硬さの向上、じん性の向上を目的としている。

第 10 問

音波は弾性係数の異なる物質との界面で反射を起こす。この性質を用いて、超音波（0.2～15 MHz）のパルス波を物体の表面・裏面から発生させ、反射波をオシロスコープで描き、欠陥部を検出する方法が超音波探傷法である。

引用：http://blogs.yahoo.co.jp/netpe1mon

Net-P.E.Jp　1 日 1 問！ 技術士試験 1 次、2 次択一問題

設問の中には、あまり本書で詳しく説明していない問題もあるので、わからない時は、他の文献も調べてください。

第2章

伝熱工学・熱応力編
（熱伝導・熱応力解析用CAEを対象）

- 2.1　伝熱工学・熱応力の機械設計における役割
- 2.2　伝熱工学・熱応力の基礎
- 2.3　伝熱工学を用いた放熱設計と熱応力対策のポイント
- 2.4　伝熱工学とCAE（熱伝導解析）の関係、
  熱応力とCAE（熱応力解析）の関係とCAE解析事例
- 第2章　復習テスト

ここでは、放熱設計と、
熱に関わる負荷（応力の発生と対策）
について学びます。

2.1 伝熱工学・熱応力の機械設計における役割

機械設計において、伝熱工学はどのような形で役に立つのだろうか？

プリント基板の設計・生産を例にあげると、

・設計においては、主に、プリント基板上の部品が熱を発生するため、それを逃がす「放熱設計」としての役割を果たす。

・生産工程においては、プリント基板に部品を実装する時に使うはんだを、部品の熱によるダメージを少なくしながら効率良く溶かす「吸熱設計」としての役割を果たす。

伝熱工学は、ものづくりの工法の1つとして、「放熱」または「吸熱」の両方の役割を持つ。本書の読者も、自身の設計・生産業務に置き換えて、「放熱」・「吸熱」がどこで活用されているかを、一度整理されてはどうかと思う。ただし、「放熱」と「吸熱」は、非常に奥が深く、本書でまんべんなく取り扱うことはできないため、ここでは、私の身近な設計業務でよくある「放熱」を主に議論を進める。

放熱設計の必要性としては、主に以下の三つがあると考えられる。

1. 機能的要因

1) 温度が上昇すると電子部品の寿命が短くなる。電子部品の温度が10℃上がるごとに寿命（信頼度）は約半分になる。(10℃則、アレニウス則)

2) 部品の特性は温度によって変わる。
絶縁抵抗は、温度上昇10℃ごとに約1/2となる。

3) 有機質絶縁物質は高温劣化を起こしやすい。

2. 機械的要因

材料の温度上昇による機械的強度の変化や熱応力の発生、熱膨張による寸法

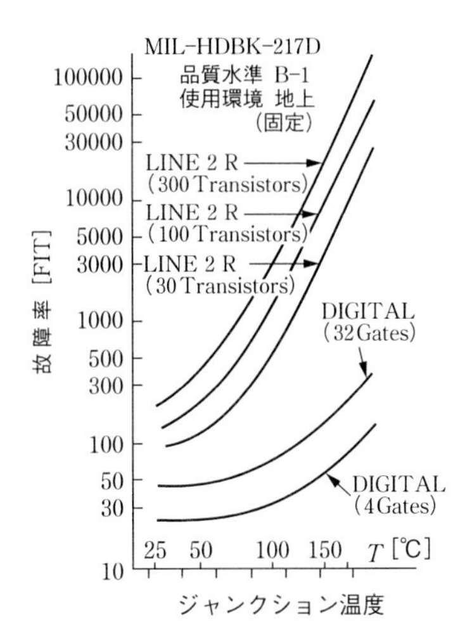

図 2.1　アレニウスの法則

変化、化学的変化のことである。

3. 対人的要因

電子機器の高温部に対する人間の接触、排出空気の熱風による不快感、および放射熱による不快感のことである。

以上のことを踏まえながら、まずは、伝熱工学の基礎から学んでいこう。

部品の寿命や熱による機械の寿命、
人への安全性を考えると
放熱設計って重要なのだね。

2.2　伝熱工学・熱応力の基礎

伝熱工学でも、第1章同様、部材を「変形する連続体」と考え、部材の発熱による温度上昇を計算する。必要により、構造解析と連成させて、熱による変形や内部にかかる負荷を算出する。その上で、部品の耐熱温度や、部材の剛性や耐久性などを踏まえ、熱的な部品の寿命や部材の破壊の可能性を評価する。

ここでも、**図2.2.1**に示すような、均質な板材が熱を受けた時の温度や微少変形を起こした場合をベースに、伝熱工学の基礎について学んでいく。（第1章同様、微少変形とは、元の形状に対して約1/10以下の変形量のことを示すと考えればよい。）

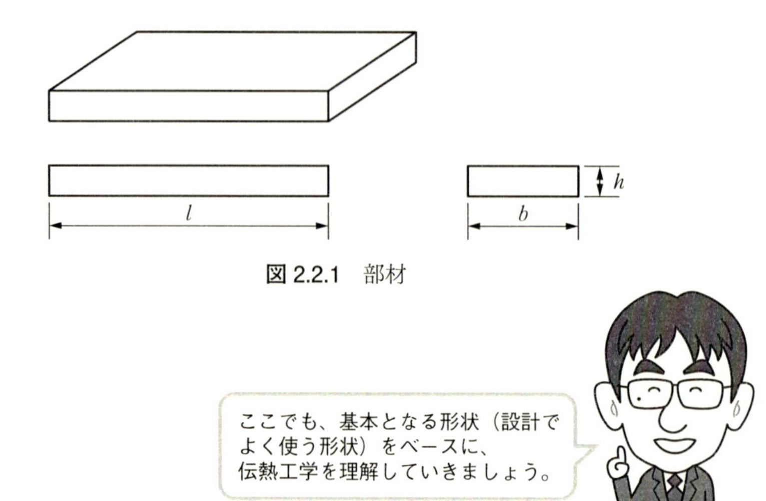

図2.2.1　部材

2.2.1　熱移動の3要素

「熱」がどのような経路をどのように伝わっていくかという「放熱の方法」

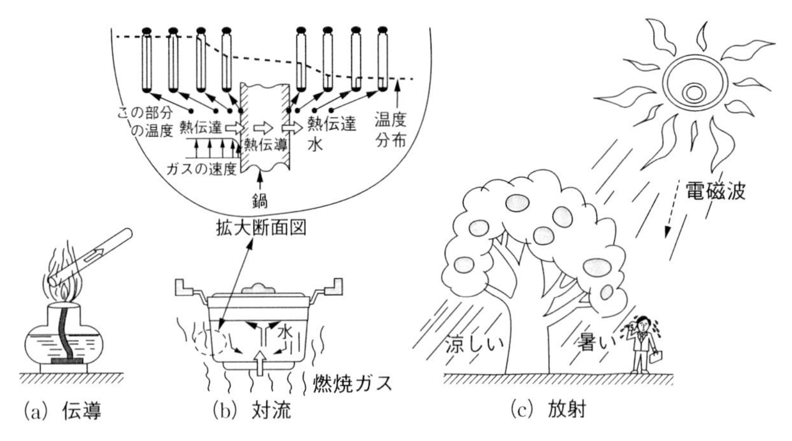

図 2.2.2　熱移動の 3 要素

としては、**図 2.2.2** に示す三つがある。

①熱伝導（Conduction）

固体または対流（静止状態）の内部で、熱が高温部から低温部へ移動する伝わり方をいう。

②対流（Convection）

流体の一部が動いて、他の部分に対して相対的に位置が入れ替わりながら熱を移動させる伝わり方をいう。

③放射（Radiation）

高温物質の熱エネルギーが、中間の物質とは無関係に電磁波の形で移動する伝わり方をいう。

2.2.2　定常状態と非定常状態

図 2.2.1 に示した板の片方の端に熱量 Q が加わったとした時に、時間 t での熱の伝わり方は、概略ではあるが、**図 2.2.3** になる。

図 2.2.3 において、物体の端からの入力熱量（エネルギー）Q_0 は、

・t 秒後の距離 l_0 に板を通ったエネルギー Q_1（熱伝導）

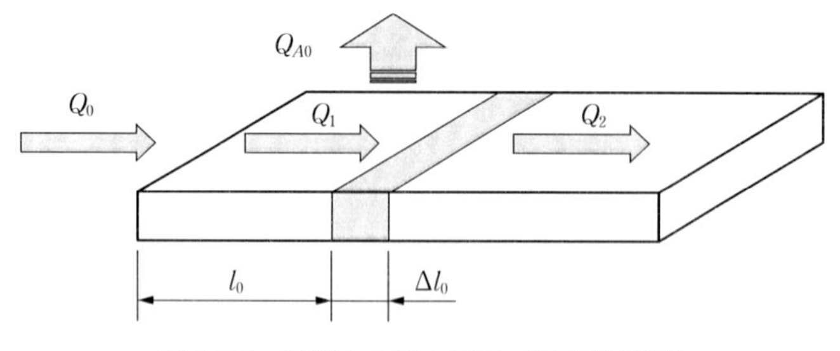

図 2.2.3　時間 t の熱の授受（非定常状態）

・t 秒後の微少空間（Δl_0）に蓄えられる内部エネルギー ΔQ

・t 秒後の距離 l_0 までに物体の外に逃げたエネルギー Q_{A0}（熱伝達）

・さらにその先に熱を伝えようとするエネルギー Q_2（熱伝導）

に分けられる。その時のエネルギーの釣り合いは

$$Q_0 = Q_1 + Q_2 + \Delta Q + Q_{A0} \qquad 式(2.2.1)$$

になる。

このような、熱が伝わる過程で、時々刻々温度が変化する状態を非定常状態と呼ぶ。

さらに時間がたつと、内部に蓄えられるエネルギーが飽和し、入力部の温度から出力部までの各部の温度が一定になる。それが**図 2.2.4** の状態であり、定常状態と呼ぶ。定常状態のエネルギーの釣り合いは、

$$Q_0 = Q + Q_A \qquad 式(2.2.2)$$

となる。

非定常状態の時の $Q_1 + Q_2$ や定常状態の Q を熱伝導（物体の中を熱が伝わる状

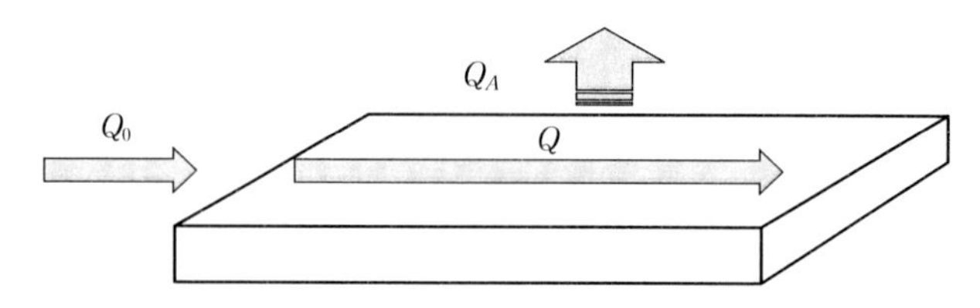

図 2.2.4　十分に時間が経った時に、熱の授受（定常状態）

態）といい、非定常状態の時の Q_{A0} や定常状態の Q_A を熱伝達（物体の表面から逃げるエネルギー）という。また、非定常の状態の時に、物体内部に蓄えられるエネルギー ΔQ を内部エネルギーと呼ぶ。

熱の伝わりやすさを表す指標として、熱伝導率 λ があり、物体の表面からの熱の逃げやすさを表す指標として、熱伝達率 h（図2.2.1の物体の厚み h とは別）がある。また、内部に蓄えられるエネルギーは、物体の密度 ρ、体積 V、比熱 C_p で決まってくる。

なお、非定常状態では、入力エネルギーと出力エネルギー＋内部エネルギーが釣り合うために、内部エネルギーを計算しなければならないが、入力エネルギーと出力エネルギーが定常状態（釣り合った状態）では、内部エネルギー ΔQ は飽和しているため、計算しなくてもよい。これについては、節2.3でも説明する。

それでは、次に、熱伝導、熱伝達について、理解を深めていく。

熱の伝わり方にもいろいろあるのだね。
熱伝導。対流・放射か…。
太陽から私たちへは、主に放射で
熱が伝わっているのだね。
それから、定常状態と非定常状態も
おもしろいね。定常の計算の時は、
比熱と密度は関係ないのか…。

2.2.3　熱伝導（フーリエの法則）

図2.2.5をもとに、熱伝導について説明する。

熱の入力部の温度を T_1、出力部の温度を T_2、板の長さを l、断面積を A、物体の熱の伝わりやすさを表す材料定数（熱伝導率）を λ とし、側面からの熱の出入りがないと仮定すると、物体の端から端へ伝わる熱量 Q は、式(2.2.3)または式(2.2.4)で表される。

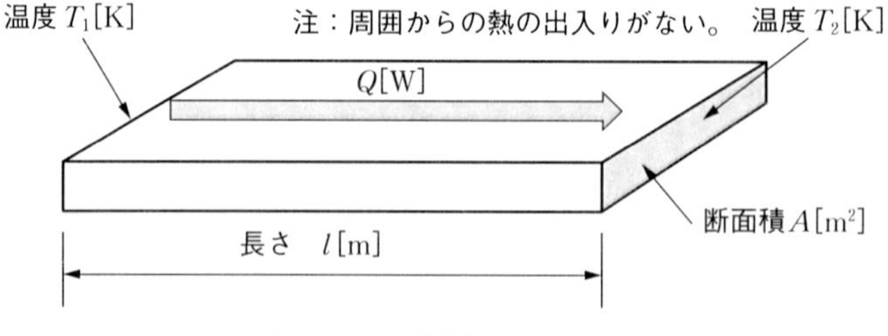

図 2.2.5　熱伝導について

$$Q = \lambda A \frac{\Delta T}{l} = \lambda A \frac{T_1 - T_2}{l} \tag{2.2.3}$$

$$q = \lambda \frac{\Delta T}{l} = \lambda \frac{T_1 - T_2}{l} \tag{2.2.4}$$

Q：単位時間に伝わる熱量 [W]、q：単位時間・単位面積に伝わる熱量 [W/m^2]

式(2.2.3)および式(2.2.4)をフーリエの式という。なお、熱伝導率λは材料によって決まる定数である。また、式(2.2.3)および式(2.2.4)を式(2.2.5)および式(2.2.6)のように表すことがある。

$$\frac{\Delta T}{Q} = \frac{l}{\lambda A} = R \qquad \text{式(2.2.5)}$$

$$\frac{\Delta T}{q} = \frac{l}{\lambda} = R' \qquad \text{式(2.2.6)}$$

式(2.2.5)および式(2.2.6)は、熱抵抗と呼ばれ、熱の伝わりにくさを表す指標となる。

2.2.4　熱伝達

ここでは、板材の側面から熱量 Q が空気などの流体に逃げる場合を考える。

固体（板）の表面温度を T_1、固体に接する流体（空気など）の温度を T_2、固体が流体に接している面積を A、固体から流体への熱の伝わりやすさを表す定数（熱伝達率）を h とすると、固体から流体へ逃げる熱量 Q および熱抵抗 R は、それぞれ式(2.2.7)、式(2.2.8)のように表される。

$$Q = hA\Delta T = hA(T_1 - T_2) \qquad \text{式(2.2.7)}$$

$$\frac{\Delta T}{Q} = \frac{1}{hA} = R \qquad \text{式(2.2.8)}$$

ここで、熱伝達率 h は、固体面の形状、大きさ、表面の光沢・粗さや流体の性質と流れの状態によって変わるもので、材料定数のような一定なものではない。これらを総称して、ニュートンの冷却の法則という。

CAEの熱伝導解析を行う際に、熱伝達率 h をどのように見積るのかが、解析精度向上のカギの一つである。

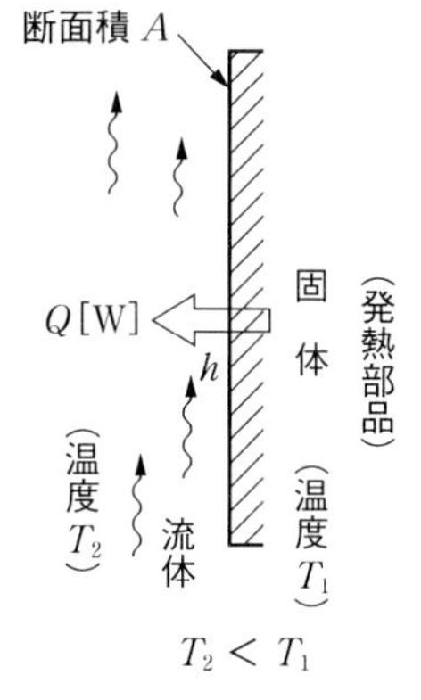

図 2.2.6　熱伝達について

2.2.5 熱伝達率

熱伝達率には、節 2.2.1 で述べた「熱移動の 3 要素」内の「熱伝導」以外の「対流熱伝達率」と「放射熱伝達率」がある。使用する CAE が「熱流体解析ソフト」であれば、流体の対流を CAE で計算するので、CAE ソフトの中で「対流熱伝達率」は自動で計算されるのだが、使用する CAE が「熱伝導解析ソフト」であれば、「対流熱伝達率」と「放射熱伝達率」の両方を組み合わせた「熱伝達率」を入力しなければならない。本書では、使用する CAE が「熱伝導解析ソフト」という想定で、「対流熱伝達率」と「放射熱伝達率」の両方の算出方法を紹介する。

(1) 対流熱伝達率の算出方法

対流熱伝達の場合、流体の挙動により計算方法が異なってくる。

- 自然対流か、強制対流か？
- 層流か、乱流か？

まずは、自然対流について、計算方法を示す。

(a) 自然対流（層流）の場合

自然対流による対流熱伝達率 h_c を式(2.2.9)に示す。

$$h_c = 2.51 \times C\left(\frac{\Delta T}{L}\right)^{0.25} \quad [\mathrm{W/(m^2 \cdot K)}] \tag{2.2.9}$$

ただし、C：表面の形状による定数

L：表面の特性長さ

表 2.2.1　自然対流における熱伝達率算出に必要な定数

形と位置	C の値	L の値 [m]
鉛直に置いた板	0.56	高さ（0.6 m まで）
熱い面を上にして水平に置いた板 熱い面を下にして水平に置いた板	0.52 0.26	$\dfrac{(\text{縦寸法})\times(\text{横寸法})\times 2}{(\text{縦寸法})+(\text{横寸法})}$
鉛直に置いた長い円管	0.55	高さ（0.6 m まで）
水平に置いた円管	0.52	直　径
球（L＝半径）	0.63	半　径
小部分（L＝直径）	1.45	直　径
プリント配線板上の素子	0.96	部品の代表的長さ
空気の流れが妨げられないところに置いた小型素子	1.39	部品の代表的長さ

表 2.2.1 に、代表的な C と L の値を示す。
例えば、平板の場合は、下記の通りとなる。

鉛直平板　$$h = 1.4\times\left(\frac{\Delta T}{L}\right)^{0.25} \quad [\mathrm{W/(m^2 \cdot K)}]$$

水平平板（熱い面が上）　$$h = 1.3\times\left(\frac{\Delta T}{L}\right)^{0.25} \quad [\mathrm{W/(m^2 \cdot K)}]$$

水平平板（熱い面が下）　$$h = 0.65\times\left(\frac{\Delta T}{L}\right)^{0.25} \quad [\mathrm{W/(m^2 \cdot K)}]$$

ここで難しいのは、計算をする前にあらかじめ、固体部の表面温度とそれに接する流体の温度の差 ΔT を予測しなければならないことである。精度良く対流熱伝達 h を求めようとするならば、何度か繰り返し計算の中で、ΔT および h の精度を向上していかなければならない。

例えば、L=1[m]、ΔT=100[K] と予想される鉛直平板の場合は、C=0.56、L=0.6 と置き換えて、以下のようになる。

$$h = 1.4\times\left(\frac{100}{0.6}\right)^{0.25} = 5.03 \quad [\mathrm{W/(m^2 \cdot K)}]$$

(b) 自然対流（乱流）の場合

自然対流の中に乱流が発生するのは、熱い面と周囲の流体の温度差が十分に大きい場合である。平板に沿う流れでは、レイノルズ数 $R_e \leq 3\times10^5$ で層流、$R_e \geq 3\times10^5$ で乱流になる。乱流に対する自然対流熱伝達率は、式(2.2.10)、および式(2.2.11)で表される。

$$h = 1.3\times\Delta T^{\frac{1}{3}} \quad [\mathrm{W/(m^2 \cdot K)}] \qquad (2.2.10)$$

$$h = 1.5\times\Delta T^{\frac{1}{3}} \quad [\mathrm{W/(m^2 \cdot K)}] \quad \text{（熱い面が上）} \qquad (2.2.11)$$

(c) 強制対流（層流）の場合

強制対流（層流）の場合は、熱伝達率 h は式(2.2.12)になる。

$$h = 0.664\times R_e^{\frac{1}{2}}\times P_r^{\frac{1}{3}}\times\frac{\lambda}{l} \quad [\mathrm{W/(m^2 \cdot K)}] \qquad (2.2.12)$$

ただし、$R_e = \dfrac{ul}{\nu}$ （レイノルズ数）

$$P_r = \frac{\nu}{\left(\dfrac{\lambda}{\gamma\cdot C_P}\right)} \quad \text{（プラントル数）}$$

λ：熱伝導率 [W/(m･K)]　　ν：流体の動粘度 [m²/s]

l：物体の代表長さ [m]　　u：流速 [m/s]

γ：流体の比重量 [kg/m³]　　C_P：流体の比熱 [J/(kg･K)]

例えば、流体が空気で温度が20℃の場合は、熱伝導率 $\lambda=0.026$ [W/(m²･K)]、$\nu=15.83\times10^{-6}$ [m²/s]、$P_r=0.717$ のため、式(2.2.13)で表される。

$$h = 0.664 \times \left(\frac{ul}{15.83 \times 10^{-6}} \right)^{\frac{1}{2}} \times 0.717^{\frac{1}{3}} \times \frac{0.026}{l}$$

$$= 3.88 \sqrt{\frac{u}{l}} \qquad (2.2.13)$$

レイノルズ数にプラントル数。
なつかしいですね。
大学の時に習いましたね。

(d)　強制対流（乱流）の場合

温度境界層が乱流の場合、コルバーンの式から、h は式(2.2.14)になる。

$$h = 0.037 \times Re^{0.8} \cdot Pr^{\frac{1}{3}} \cdot \frac{\lambda}{l} \qquad (2.2.14)$$

ここで、代表的な熱伝達率を**図 2.2.7** に示す。

条　件	熱伝達率[W/m²・K]（10, 10², 10³, 10⁴, 10⁵）
自然対流	空気 絶縁流体
強制対流	空気 絶縁流体 水
蒸発冷却	絶縁流体 水

注：空気の流速：3 ～ 15 m/s
　　流体の流速：0.3 ～ 1.5 m/s

物　　質	熱伝達率[W/m²・K]
自然対流中の空気（低温度差）	2.33～6.98
自然対流中の空気（高温度差）	4.65～11.63
自然対流中の高粘性油類	(1.16～9.30)×10
自然対流中の低粘性油類	(4.65～11.63)×10
自然対流中の水	(2.33～5.81)×10²
強制対流中の空気およびガス類	(2.33～9.30)×10
強制対流中の高粘性油類	(3.49～23.26)×10
強制対流中の低粘性油類	(3.49～11.63)×10²
強制対流中の過熱蒸気	(5.81～23.26)×10²
強制対流中の水	(1.16～5.81)×10³
強制対流中の高温加圧水	(5.81～11.63)×10³
膜状凝縮中の水	(4.65～9.30)×10³
滴状凝縮中の水	(3.49～5.81)×10⁴

図 2.2.7　代表的な流体の熱伝達率の例

図2.2.7は便利そうですね。
覚えておこう。

(2) 放射熱伝達率の算出方法

放射による熱伝達率を、式(2.2.15)に示す。

$$h=\frac{5.67\times10^{-8}\times f\times e\times\{(T_f+273.15)^4-(T_a+273.15)^4\}}{T_f-T_a}\quad[\mathrm{W/(m^2\cdot K)}] \tag{2.2.15}$$

ただし、f：形態係数（*Geometric factor*）

e：放射率（*Emissivity*）

T_f：放射板の温度 [℃]

T_a：周囲温度 [℃]

なお、5.67×10^{-8} は、ステファン・ボルツマン係数と呼ばれる定数である。

形態係数fとは、向かい合う2つの面（例えば、ヒートシンクの内部の向かい合う面）の間の熱のやり取りの効率を表すものであり、もし障害物がないならば、$f=1$ になる。

放射率eは、物体の色、粗さ、光沢等で決まる定数である。代表的な放射率を**表 2.2.2** に示す。

例えば、$f=1$、$e=0.5$、$T_f=100$ [℃]、$T_a=0$ [℃] の場合は、

$$h=\frac{5.67\times10^{-8}\times f\times e\times\{(T_f+273.15)^4-(T_a+273.15)^4\}}{T_f-T_a}$$

$$=\frac{5.67\times10^{-8}\times1\times0.5\times\{(100+273.15)^4-(0+273.15)^4\}}{100-0}$$

$$=3.9\quad[\mathrm{W/(m^2\cdot K)}]$$

となる。

※ヒートシンクの放射熱伝達率の計算法

ヒートシンクは、凸凹の間を通る空気へ、熱を逃がす目的で作成されている(**図 2.2.8**(a))。ただし、放射に関しては、向かい合う面はお互いに熱をやり取りするために、放射熱伝達はほとんどないといってよい。そこで、ヒートシンクの放射熱伝達率は、図 2.2.8(b)に示すように、ヒートシンクを囲むような包絡体積（点線で囲まれている部分）を考え、包絡体積の表面から放射熱が逃げる

表 2.2.2　代表的なものの放射率

物　質	表面状態	放射率	
		代表値	範囲
アルミ	研磨面	0.05	0.04～0.06
	アルマイト処理	0.8	0.7～0.9
	黒色アルマイト処理	0.95	0.94～0.96
銅	機械加工面	0.07	
	酸化面	0.7	
	研磨面	0.03	0.02～0.04
	金めっき面	0.3	
	はんだめっき面	0.35	
鋼	研磨面	0.06	
	ロール面	0.66	
プリント板	エポキシ、紙ファノール	0.8	
	テフロンガラス	0.8	
厚膜IC	Pd/Ag	0.26	
	誘電体	0.74	
	抵抗体	0.9	
抵抗器	新品	0.85	
コンデンサ	タンタル、電解	0.3	
	その他	0.92	
トランジスタ	黒色塗装	0.85	
	金属ケース	0.35	
ダイオード		0.9	
IC	DIP モールド	0.85	
トランス・コイル		0.9	
塗装	ラッカー、ペイント	0.9	0.87～0.95
	エナメル	0.88	0.85～0.91

図2.2.7同様、便利そうですね。
覚えておこう。

と考える。

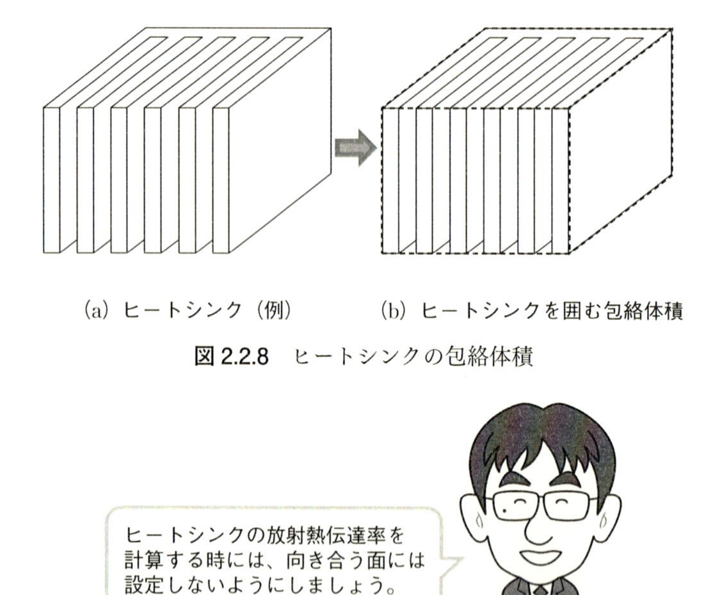

図 2.2.8 ヒートシンクの包絡体積

2.2.6 熱応力

熱によって物体は膨張・収縮を行う。等方性材料の均質物体であれば、熱を受けても物体は相似的に膨張・収縮をするので応力はかからない。しかし、**図 2.2.9** のように、熱による膨張・収縮量の異なる（線膨張率 α の異なる）物体を二つ接着した均質物体でも、膨張・収縮を遮るような固定（拘束）が行われ

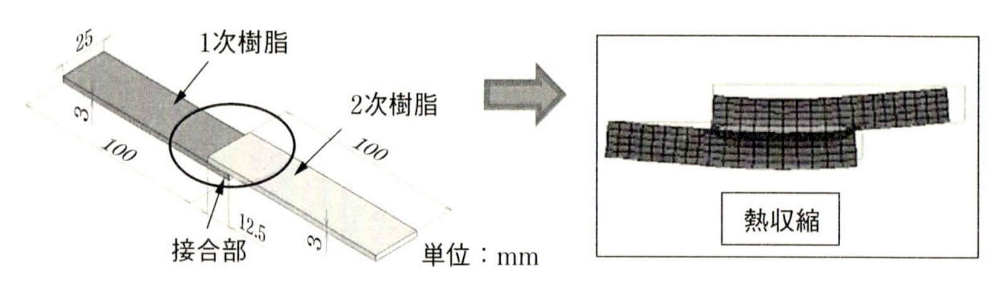

図 2.2.9 線膨張率の違いによる接合 2 部品の変形

た場合、接合部の界面や、そり・収縮で物体に応力が発生する。

なお、線膨張率αは、単位温度当たりのひずみ量を表す（単位 [1/K]）。

熱による変形は、まず、
伝熱を熱伝導CAE解析で解いて、
その温度分布を用いて、変形を計算します。
節2.4において、事例で詳細説明します。

2.3　伝熱工学を用いた放熱設計と熱応力対策のポイント

節 2.2 で、伝熱工学の基礎を述べてきたが、それでは次に、論理計算とCAE の誤差の原因を理解しながら、どのように放熱をすればよいのか？

ここではそれを学んでいく。

2.3.1　論理計算・CAEと実測の誤差

論理計算やCAE と実測との誤差の要因として、私は下記を想定している。

①熱伝達率の見積り

節 2.2 で詳細に説明した通り、熱伝達率 h は材料定数でなく、物体のまわりの流体の流れ、物体そのものの表面粗さ・光沢や色によって決まる定数であるので、熱伝達率の見積りが、論理計算・CAE と実測が一致するカギとなる。

②発熱量の見積り

ここまで、詳細に説明しなかったが、入力したエネルギーがすべて熱に変換されるとは限らない、電燈等では、入力したエネルギーの一部は光源のエネルギーになり、残りの損失が熱にかわり、物体を熱する。

放熱設計を正確に行うのであれば、入力エネルギーに対して損失が熱に変わる発熱量を見積る必要がある。

③（接触）熱抵抗の見積り

物体と物体の接合部は、正確には 100 %接着しておらず、隙間等があるため、熱伝導が理想通りに行われない可能性があるため、正確に放熱を見積るには、接触熱抵抗を考慮した計算が必要になる。

④実測の正確性

- 熱電対の固定方法は正しいか？　熱電対を部品や基板等に接続する際に、必要最低限のはんだ・接着剤の量で固定しているか？

・放射温度計、サーモビューワについて、放射率設定の設定は正しいかどうか？

2.3.2 放熱対策

上記①～④に、論理計算・CAE と実測との差異の原因を述べたが、これらを正確に入力することは非常に難しい部分もある。そのため、論理計算・CAE で放熱設計を行うために、下記のことを考慮しておかなければならない。

① 放熱性の良さという点では、通常の使用環境では、

熱伝導 > 対流・放射

である。熱伝導で、筐体に素早く熱を伝え、ヒートシンク等を用いて、対流で熱を外部に逃がす。基板の場合、筐体になるべく近く、かつ、縦に配置し、対流・放射を起こしやすいようにする。また、外部からの熱を防ぐ場合は放射率を低く、外部に熱を逃がす場合は放射率を高くする。

② 熱伝達率、発熱量などの詳細が分からない時は、安全側の設計を行う。熱伝達率は、節2.2で述べた計算を用いるが、最初は自然対流を考慮して、熱伝達率を低く設定し、発熱量は、定格の発熱量（入力したエネルギーすべてが熱損失に変わると想定）で計算を行い、放熱性の良い材料選択、形状設計、放熱用部品（ヒートシンク）などの検討を行う。CAE で安全

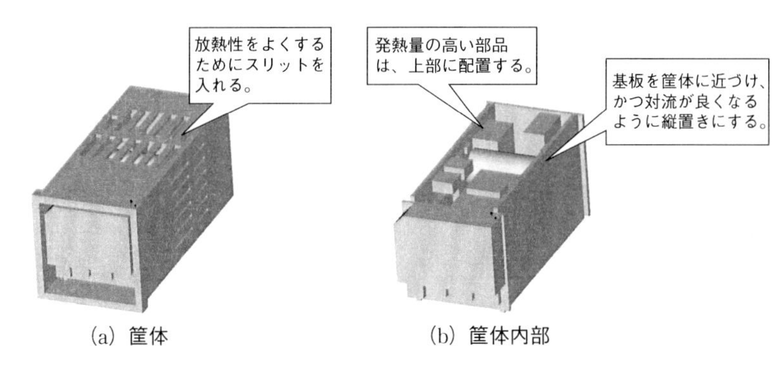

図 2.3.1　放熱を考慮した設計例

側の設計ができていれば、実機での不具合は少なくなる。

③ 論理計算・CAE と実測との比較で、実測より CAE の温度が極端に低い場合は、論理計算や CAE の設定に対して何かが間違っている可能性が高い。例えば、接触熱抵抗が想定以上に高く、「接触熱抵抗を考慮した詳細計算が必要」などである。

接触熱抵抗を低減させるには、以下の方法がよく用いられる。

(a) 接触面を平坦に仕上げる。(表面を平滑に仕上げる。)

(b) 接触している 2 部品間の接触圧力を高める。

例えば、ヒートシンクと素子間の接合においては、M3、M4 のネジで素子をヒートシンクに締め付けるなど。

(c) 接触面に熱伝導性の良いグリース（サーマルグリース）を塗布する。

(d) (a)～(c) の方法が難しく、どうしても接触熱抵抗を CAE で考慮したい場合は、

・部品間を「接触」設定し、接触熱抵抗を設定する。

・擬似的に 2 部品間に薄い空気層をモデリングする。

その際、空気は固体として取り扱う。

なお、空気については、「伝熱工学資料」に記述されている。

熱伝導率：0.0029 [W/(m・K)]

比熱：1007 [kg/(m・K)]

密度：1.1609 [kg/m^3]

2.3.3　熱応力対策

放熱による熱応力の低減としては、以下の通りである。

①　まず、最初に行うことは、接触する2部品間の線膨張係数をできるだけ近い値の材料を利用することである。

節2.2でも述べたが、熱による応力・変形が起こる要因は、部材間の線膨張率の違いか、極端に箇所毎に温度差が生じるからである。

コストとの兼ね合いになるが、設計の際は、できるだけ線膨張率の近い材料を使用し、均等な熱分布になるようにする。

②　①が難しい場合は、**図2.3.2**のように熱応力計算を実施し、膨張・収縮による応力σを低減する。

※接着部が材料破壊より前にはく離しないよう、材料間の接着性の相性を考慮しておく必要がある。

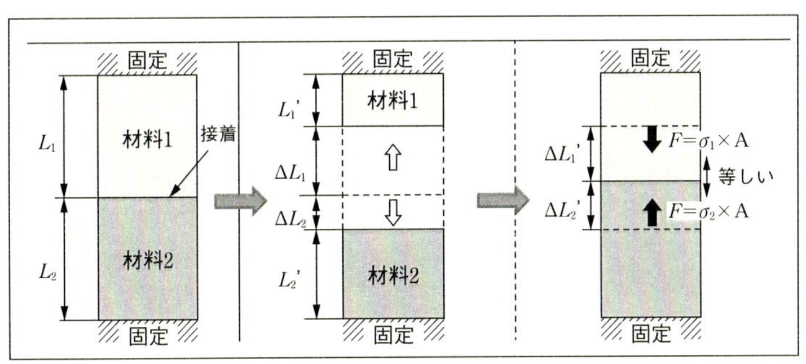

(a) 初期状態

(b) 接着してないとして熱（今回は冷却）でそれぞれの材料が収縮した状態

(c) 接着部で剥がれないように、収縮に反発してお互いの材料が伸びた場合

図2.3.2　熱応力による応力発生

2.4　伝熱工学とCAE(熱伝導解析)の関係、熱応力とCAE(熱応力解析)の関係とCAE解析事例

本節では、熱伝導解析、熱応力解析の手順の中で、伝熱工学・熱応力との関係を示し、その後、熱伝導解析・熱応力解析の事例を紹介する。

2.4.1　伝熱工学とCAE（熱伝導解析）の関係

熱伝導解析の流れを**図 2.4.1** に示す。

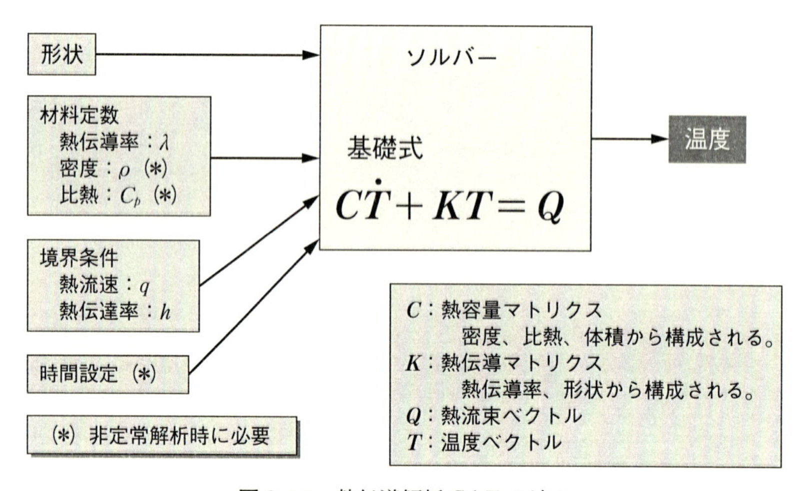

図 2.4.1　熱伝導解析 CAE の流れ

熱伝導解析 CAE では、

・形状、材料定数（熱伝導率 λ、密度 ρ、比熱 C_P）と境界条件（熱流束 q：単位面積・単位時間当たりの熱量、熱伝達率 h）と時間設定を入力する。

・計算時には、熱伝導マトリクス $\boldsymbol{K}$（熱伝導率・熱伝達率と形状より構成）、熱容量マトリクス $\boldsymbol{C}$（内部エネルギーを計算する密度、比熱と体積より構成）、温度 $\boldsymbol{T}$ より熱流束ベクトルを構成する。

・入出力のエネルギーの釣り合いより、各部の熱の授受を計算しながら、各部の温度 $\boldsymbol{T}$ を求めていく。

なお、節 2.2 でも述べたように時刻歴の温度変化（非定常状態）を計算する時には、$\boldsymbol{C}$ マトリクスを計算するが、十分時間が経った状態（定常状態）を計算する時には、内部エネルギーは飽和状態にあり、入力エネルギー（物体に入るエネルギー）と出力エネルギー（物体から逃げるエネルギー）の釣り合いを解けばよいので、$\boldsymbol{C}$ マトリクスのある内部エネルギーの項は計算しない。そのため、定常状態の解析では、密度 ρ、比熱 C_P は必要ないのである。

CAE と伝熱工学の関係は下記のようになる。

CAE	伝熱工学
$\boldsymbol{C}$ マトリクス：	ρ（密度）、V（板の体積）、C_P（比熱）より構成。
$\boldsymbol{K}$ マトリクス：	λ（熱伝導率）、A（板の断面積）、l（板の長さ）
	h（熱伝達率）、A'（板の表面積）より構成。

2.4.2　熱応力とCAE（熱応力解析）の関係

熱応力解析の流れを**図 2.4.2** に示す。

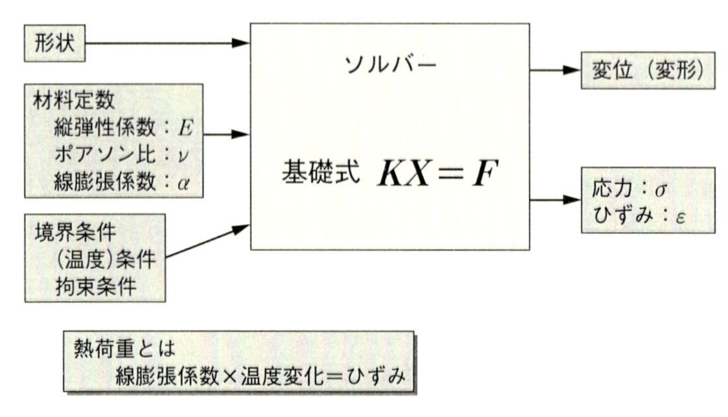

図 2.4.2　熱応力解析 CAE の流れ

熱応力解析 CAE は、基礎式 $\boldsymbol{KX=F}$ の $\boldsymbol{F}$ が熱荷重という以外は、第 1 章で示した構造解析 CAE と変わりはない。

なお、熱荷重 $F=\alpha \Delta T \times E$（$E$ はヤング率）である。

2.4.3　伝熱工学CAE事例（実測との比較）

伝熱解析は、論理計算と CAE の比較は難しいため、原理試験による結果との比較を行ってみる。

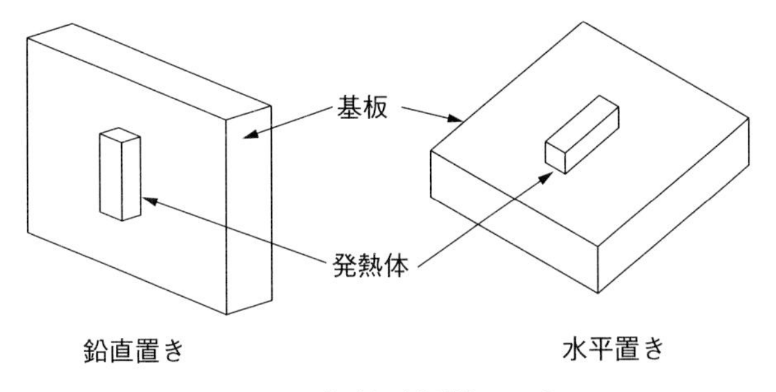

図 2.4.3　解析（実験）モデル

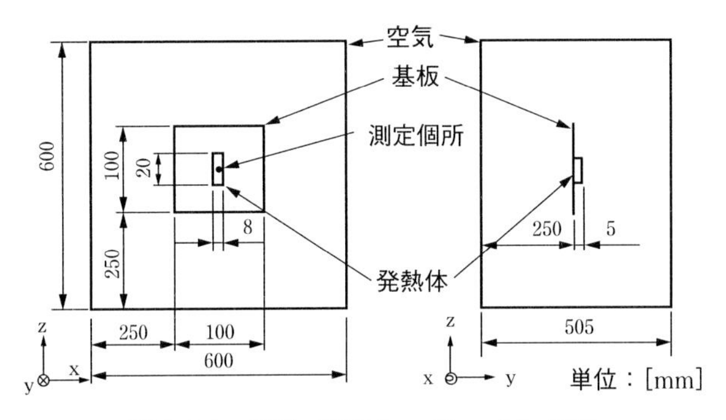

図 2.4.4　解析（実験）モデル（各寸法）

解析（実験）モデルを**図 2.4.3**、**図 2.4.4** に示す。

基板：100×100×2 [mm^3]、A2017　アルミ基板（アルマイト処理あり、なし）

熱伝導率　164 [W/(m・K)]、密度　2790 [kg/m^3]、

比熱　882 [J/(kg・K)]

発熱体：8×20×5 [mm^3]、発熱量　10 [W]

図 2.4.3、図 2.4.4 は検証用の自然対流（層流）モデルで、恒温槽内にフリーエアーボックスを置き、その中に、発熱体をのせた基板を鉛直置き、または水平置き（熱源が上）に定常状態になるまで放置したもの（フリーエアーボックス内にタコ糸でつるしたもの）である。

今回の場合、熱伝達率 h は対流熱伝達率を h_c、放射熱伝達率を h_r とする。なお、今回は予備実験により、アルマイト処理（アルミニウム上に酸化被膜を形

成し、放射率を上げる加工法）がある場合とない場合で、測定個所のおおよその温度上昇がわかっているため、アルマイト処理の時の固体表面温度を75℃、放射率e＝0.8、アルマイト処理なしの時の固体表面温度100℃、放射率0.05とし、接する液体（空気）表面温度を25℃、形態係数f＝1とした。その時のh_c、h_rは下記の通りとなる。

※下記のC、L、f、eの値は、節2.2の表2.2.1および表2.2.2を参照のこと。

①アルマイト処理がある場合（固体表面温度を75℃と予測した場合）

○対流熱伝達率h_c

・基板を鉛直に置いた場合

$$h_c = 2.51 \times C\left(\frac{\Delta T}{L}\right)^{0.25} = 2.51 \times 0.56\left(\frac{50}{0.1}\right)^{0.25} = 6.65\ [\mathrm{W/(m^2 \cdot K)}]$$

・基板を水平に置いた場合

$$h_c = 2.51 \times C\left(\frac{\Delta T}{L}\right)^{0.25} = 2.51 \times 0.52\left(\frac{50}{\frac{0.1 \times 0.1 \times 2}{0.1 + 0.1}}\right)^{0.25} = 6.17\ [\mathrm{W/(m^2 \cdot K)}]$$

・放射熱伝達率h_r

$$h_r = \frac{5.67 \times 10^{-8} \times f \times e \times \{(T_f + 273.15)^4 - (T_a + 273.15)^4\}}{T_f - T_a}$$

$$= \frac{5.67 \times 10^{-8} \times 1 \times 0.8 \times \{(75 + 273.15)^4 - (25 + 273.15)^4\}}{75 - 25}$$

$$= 6.16\ [\mathrm{W/(m^2 \cdot K)}]$$

鉛直置き　$h = h_c + h_r = 6.65 + 6.16 = 12.81\ [\mathrm{W/(m^2 \cdot K)}]$

水平置き　$h = h_c + h_r = 6.17 + 6.16 = 12.33\ [\mathrm{W/(m^2 \cdot K)}]$

②アルマイト処理がない場合（固体表面温度を100℃と予測した場合）

・基板を鉛直に置いた場合

$$h_c = 2.51 \times C\left(\frac{\Delta T}{L}\right)^{0.25} = 2.51 \times 0.56\left(\frac{75}{0.1}\right)^{0.25} = 7.36\ [\mathrm{W/(m^2 \cdot K)}]$$

・基板を水平に置いた場合

$$h_c = 2.51 \times C\left(\frac{\Delta T}{L}\right)^{0.25} = 2.51 \times 0.52\left(\frac{75}{\frac{0.1 \times 0.1 \times 2}{0.1 + 0.1}}\right)^{0.25} = 6.83\ [\mathrm{W/(m^2 \cdot K)}]$$

・放射熱伝達率 h_r

$$h_r = \frac{5.67 \times 10^{-8} \times 1 \times 0.05 \times \{(100 + 273.15)^4 - (25 + 273.15)^4\}}{100 - 25}$$

$$= 0.43\quad [\mathrm{W/(m^2 \cdot K)}]$$

鉛直置き　$h = h_c + h_r = 7.36 + 0.43 = 7.79\ [\mathrm{W/(m^2 \cdot K)}]$

水平置き　$h = h_c + h_r = 6.83 + 0.43 = 7.26\ [\mathrm{W/(m^2 \cdot K)}]$

今回は、ダッソー・システムズ・ソリッドワークス社の3次元CAD上で稼働するCAEソフト「SOLIDWORKS Simulation」を用い、4面体の熱伝導解析用の高次要素を用いて計算した。前述の熱伝達係数を用いたCAEの解析結果例を**図2.4.5**に、CAEの結果と実測の比較を**表2.4.1**に示す。

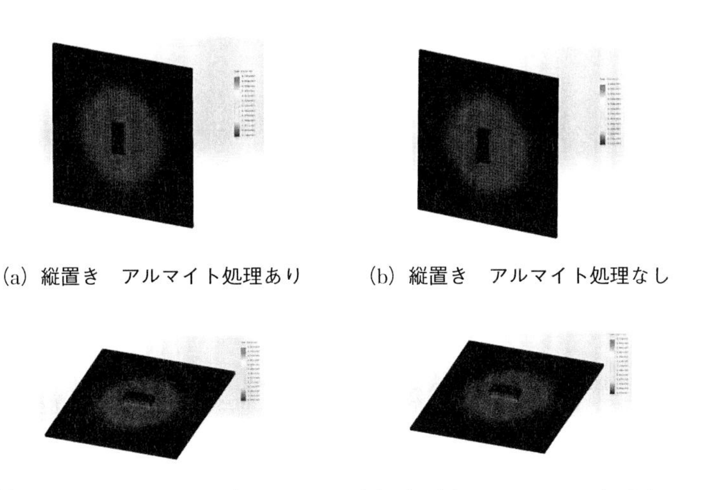

(a) 縦置き　アルマイト処理あり　(b) 縦置き　アルマイト処理なし

(c) 水平置き　アルマイト処理あり　(d) 水平置き　アルマイト処理なし

図2.4.5　熱伝導解析結果

表 2.4.1　解析結果（計測部比較）

	縦置き アルマイト処理 あり	縦置き アルマイト処理 なし	水平置き アルマイト処理 あり	水平置き アルマイト処理 なし
CAE	67.5［℃］	96.4［℃］	69.0［℃］	97.3［℃］
実測	68［℃］	90［℃］	70［℃］	97［℃］
相対誤差	0.7［%］	7.1［%］	1.4［%］	0.30［%］

図 2.4.5 と**表 2.4.1** より、アルマイト処理をしたものは、縦置き、水平置きとも実測と CAE の結果がほぼ一致していることがわかる。縦置きのアルマイト処理していないものついては、実測に比べ、CAE のほうが高めに出ているが、これは、アルマイト未処理の場合の放射率を小さく見積り過ぎたか、実験誤差の可能性がある（実際にはアルマイト処理なしのものは、仕上げをしていないため、放射率にバラツキがある）。

今回の事例より、実測と CAE 解析の際の定数を正確に行えば、実測と CAE の相対誤差 10 %弱は見込めるものと考える。

2.4.4　熱応力CAE事例（論理計算との比較）

図 2.4.6 を例に説明する。

ここで、形状は、$l_1=l_2=50$ [mm]、$b=20$ [mm]、$h=10$ [mm]、$A=bh$

材料 1　ヤング率 $E_1=2.32$ [GPa]、ポアソン比 $\nu_1=0.39$、

線膨張率 $\alpha_1=6.6e^{-5}$ [1/K]

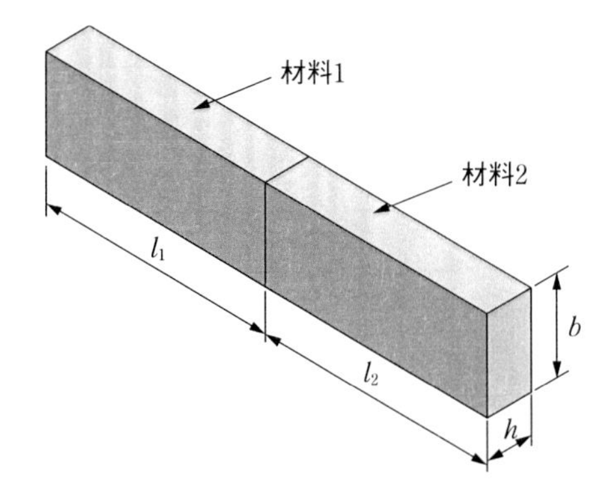

図 2.4.6　熱応力解析モデル

材料 2　ヤング率 $E_2=190$ [GPa]、ポアソン比 $\nu_2=0.29$、

線膨張率 $\alpha_2=1.8e^{-5}$ [1/K]

解析条件：温度を一律 75 [℃] から 25 [℃] に落とす。両端は固定。

2 部品は接着。

○まず、論理計算から行ってみる。

材料 1 が接着していないとした場合の縮み量

$$\Delta l_1=l_1\cdot\alpha_1\cdot\Delta T=50\times6.6e^{-5}\times50=0.165\ [\mathrm{mm}]$$

材料 2 が接着していないとした場合の縮み量

$$\Delta l_2=l_2\cdot\alpha_2\cdot\Delta T=50\times1.8e^{-5}\times50=0.045\ [\mathrm{mm}]$$

総縮み量　$\Delta l=\Delta l_1+\Delta l_2=0.165+0.045=0.210$ [mm]

実際には、両端で固定されているため、縮んでいないので、Δl は伸び量となる。その時の材料 1 の伸び量を $\Delta l'_1$、ひずみを ε_1、応力を σ_1、材料 2 の伸び量を $\Delta l'_2$、ひずみを ε_2、応力を σ_2 とすると、

$$\Delta l=\Delta l'_1+\Delta l'_2=0.21\ [\mathrm{mm}] \tag{2.4.1}$$

力の釣り合いより、接合部にかかる荷重　$F=\sigma_1 A=\sigma_2 A$

$$\therefore E_1\varepsilon_1=E_2\varepsilon_2$$

$$\therefore E_1\frac{\Delta l'_1}{l_1(1-\alpha_1\cdot\Delta T)}=E_2\frac{\Delta l'_2}{l_2(1-\alpha_2\cdot\Delta T)}=E_2\frac{\Delta l-\Delta l'_1}{l_2(1-\alpha_2\cdot\Delta T)}$$

（式(2.4.1)より）

さらに解いていくと、$l_1 = l_2$ より、

$$\therefore \Delta l'_1 = \frac{E_2 \Delta l}{\left(\frac{E_1}{1-\alpha_1 \Delta T} + \frac{E_2}{1-\alpha_2 \Delta T}\right)(1-\alpha_2 \Delta T)}$$

$$\therefore \varepsilon_1 = \frac{\Delta l'}{l_1(1-\alpha_1 \cdot \Delta T)}$$

$$= \frac{E_2 \Delta l}{l_1\left(\frac{E_1}{1-\alpha_1 \Delta T} + \frac{E_2}{1-\alpha_2 \Delta T}\right)(1-\alpha_1 \cdot \Delta T)(1-\alpha_2 \Delta T)}$$

$$\therefore \Delta l'_2 = \frac{E_1 \Delta l}{\left(\frac{E_1}{1-\alpha_1 \Delta T} + \frac{E_2}{1-\alpha_2 \Delta T}\right)(1-\alpha_1 \Delta T)}$$

$$\therefore \varepsilon_2 = \frac{\Delta l'_2}{l_2(1-\alpha_2 \cdot \Delta T)}$$

$$= \frac{E_1 \Delta l}{l_2\left(\frac{E_1}{1-\alpha_1 \Delta T} + \frac{E_2}{1-\alpha_2 \Delta T}\right)(1-\alpha_1 \cdot \Delta T)(1-\alpha_2 \Delta T)}$$

応力は、$\sigma_1 = \sigma_2$ で、また、上式を入力すると、

$$\therefore \sigma_1 = \sigma_2 = E_1 \varepsilon_1 = E_2 \varepsilon_2$$

$$= \frac{E_1 \Delta l'_1}{l_1(1-\alpha_1 \cdot \Delta T)}$$

$$= \frac{E_1 E_2 \Delta l}{l_1\left(\frac{E_1}{1-\alpha_1 \Delta T} + \frac{E_2}{1-\alpha_2 \Delta T}\right)(1-\alpha_1 \cdot \Delta T)(1-\alpha_2 \Delta T)}$$

$$= \frac{E_2 \Delta l'_2}{l_2(1-\alpha_2 \cdot \Delta T)}$$

$$= \frac{E_1 E_2 \Delta l}{l_2\left(\frac{E_1}{1-\alpha_1 \Delta T} + \frac{E_2}{1-\alpha_2 \Delta T}\right)(1-\alpha_1 \cdot \Delta T)(1-\alpha_2 \Delta T)}$$

$$\therefore \sigma_1$$

$$= \frac{2320 \times 190000 \times 0.21}{50\left(\frac{2320}{1-6.6e^{-5}\times 50}+\frac{190000}{1-1.8e^{-5}\times 50}\right)(1-6.6e^{-5}\times 50)(1-1.8e^{-5}\times 50)}$$

$$\fallingdotseq \left(\frac{92568000}{50\times(2328+190171)\times 0.9967\times 0.9991}\right) \fallingdotseq 9.66\,[\mathrm{MPa}]$$

※仮に、材料 2 が全く伸びず、材料 1 だけが伸びたと仮定した場合、

$l_1{}'=(50-0.165)=49.835\mathrm{mm}$、$\Delta l_1{}'=0.21\mathrm{mm}$、$E_1=2328$ [MPa] なので、

$$\therefore \sigma_1 = E_1\varepsilon_1 = E_1\frac{\Delta l_1'}{l_1'} = 2328\times\frac{0.21}{49.875} \fallingdotseq 9.80\ [\mathrm{MPa}]$$

と、材料 2 の伸びを考慮した時の値と差がない。上記の計算は、妥当と言える。

○解析結果を**図 2.4.7** に示す。

CAE 解析の方は、接合界面での応力集中とポアソン比の影響により接合部表面の最大応力 $\sigma_{1\max}=255$ [MPa] の値を示した。

論理計算による結果、$\sigma=9.66$ [MPa] とは差異があるが、論理計算は、接合

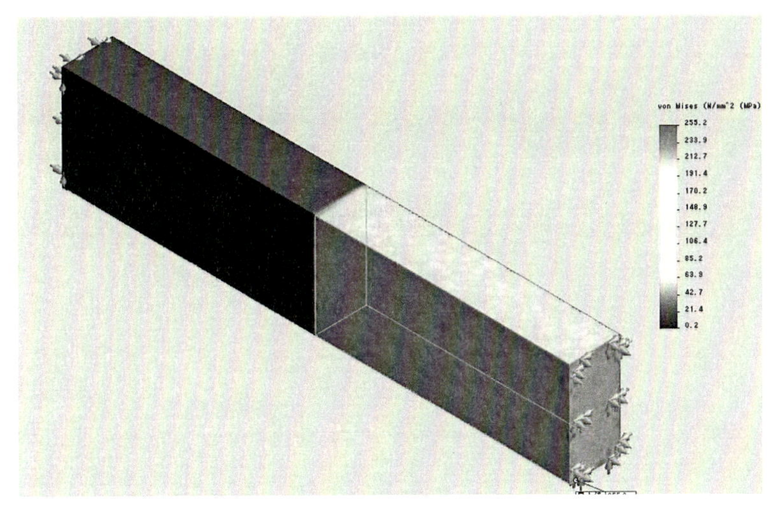

図 2.4.7　解析結果

部の応力集中とポアソン比を無視した計算になっているため、CAE の結果のほうが妥当な値が得られており、実態に合っているのではないかと考えられる。

一見、CAE と論理計算は
合わないように見えるけど、
「界面の応力集中」「ポアソン比の影響」を
考慮すれば
論理計算とCAE は一致してくるよ。

2.4.5 熱伝導・熱応力連成CAE事例

本事例では論理計算および実測の結果がない。CAE と論理計算・実機の比較はできないが、CAE による解析結果のみを示す。

解析モデルを**図 2.4.6** に示す。

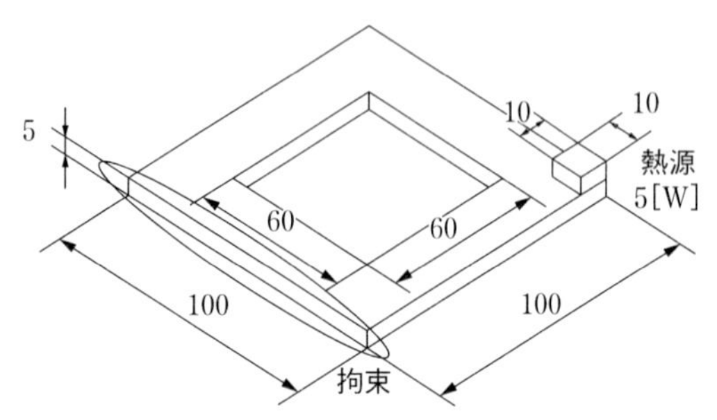

初期温度：T_i＝25[℃]
大気温度：T_a＝25[℃]
表面熱伝達係数
5[W/(m²·K)]

寸法の単位：[mm]

使用材料：アルミ合金A2018

熱伝導率	150 [W/(m·K)]	ヤング率	7400[MPa]
比熱	1000 [J/(kg·K)]	ポアソン比	0.33
密度	2800 [kg/m³]	線膨張係数	$22e^{-6}$[/K]

図 2.4.6 熱応力解析モデル

解析結果を**図 2.4.7** に示す。

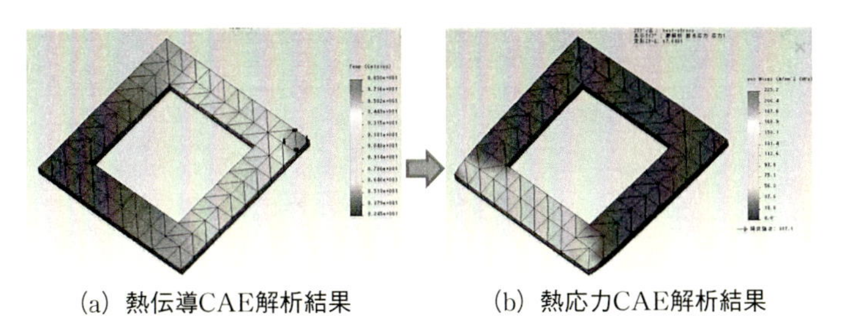

(a) 熱伝導CAE解析結果　　(b) 熱応力CAE解析結果

図 2.4.7　熱応力解析結果

本計算では、まず、熱源となる部品に熱を加え、熱伝導解析を行っている(図 2.4.7 の(a))。次に、(a)で求めた熱分布と構造 CAE 解析用の材料定数、および固定（拘束）条件を加え、熱による変形を行っている。このように、熱伝導 CAE 解析と構造 CAE 解析を連成させることで、熱が生じた時の応力（熱応力）を算出することができる。

以上、第 2 章でも、熱伝導・熱応力 CAE 解析と原理実験・論理との比較を行ってきた。実測と完全に一致するというところまではいかなかったが、前述の通り、

・熱伝導 CAE 解析と予備実験の場合は、放射率設定と実験の誤差。

・熱応力 CAE 解析と論理計算との比較の場合は、ポアソン比の影響

を加味すれば、CAE≒論理計算（原理実験）といえるのではないかと思う。

※参考：対流を考慮したCAE結果

これまで述べたのは、製品表面から熱がどれくらい逃げやすいかという、各面毎に熱伝達率が一定として解いてきた。しかし、熱流体CAEソフトで詳細に基板を縦置きにした場合の対流による放熱計算をすると、**図2.4.8**のような温度分布になる。これは、対流により、暖かい空気が上昇するからである。

放熱を対流に頼り、対流を考慮した温度分布を詳細に計算する必要がある場合には、熱流体CAEを用いる必要がある。しかし、熱流体CAEの計算は時間がかかるので、概略計算で良ければ、節2.4.3での計算で十分である。

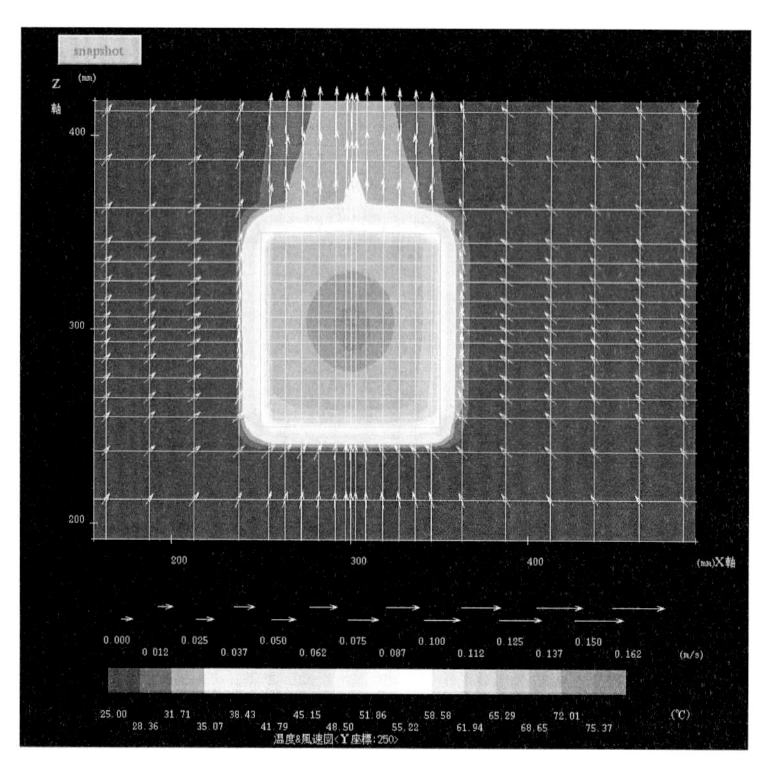

図2.4.8　熱流体CAEによる、基板を縦置きにした場合の温度分布

第2章　復習テスト

次の内容は、正解（○）か、誤り（×）か？

第1問

熱伝導率 λ は、材料特有の定数であり、熱の伝わりやすさを表す。

第2問

熱伝達率 h は、材料特有の定数ではなく、表面の色、光沢度合や、まわりの流体の挙動によって定まる数値である。

第3問

定常状態をCAEで解くときに必要な材料定数は、熱伝導率 λ、比熱 C_P、密度 ρ である。

第4問

放射率は、周りの流体の挙動や物体の色、光沢、表面粗さ等で決まる定数で0から1の間の値をとる。

第5問

一般的には、発熱体ののった基板は、水平置きよりも鉛直置きのほうが冷えやすい。

第6問

ステファン・ボルツマン係数は、放射熱伝達率の計算の際に用いる定数であり、温度に問わず、値は一定である。

第 7 問

ヒートシンクの放射熱伝達率を考慮する際は、ヒートシンクの各面（内面）も含め、すべての面に熱伝達率を設定する。

第 8 問

線膨張係数は、単位温度当たりの熱ひずみを表している。

第 9 問

発熱量の高い部品は、製品内部の下部に水平に配置する。

第 10 問

接合する 2 部品間において、熱による応力を低減する策の一つとして、2 部品の線膨張率をできるだけ近い値にしておく。

引用：http://blogs.yahoo.co.jp/netpe1mon
Net-P.E.Jp　1 日 1 問！ 技術士試験 1 次、2 次択一問題

第3章

樹脂成形編
（樹脂流動解析用CAEを対象）

- 3.1　樹脂流動の機械設計における役割
- 3.2　樹脂成形（充填・保圧・収縮計算）の基礎
- 3.3　成形不良とその対策。
  樹脂材料・成形加工を考慮した設計検討とアドバイス
- 3.4　樹脂成形とCAE（樹脂流動解析）の関係。CAEの有効な使い方
- 第3章　復習テスト

3.1 樹脂流動の機械設計における役割

エンジニアリングプラスチックを代表とする樹脂材料の開発はめざましく、また、射出成形を代表とする成形・金型加工技術の進歩により、樹脂製品が多くの製品で活用されるようになった。しかし、材料特性や加工の影響に対する配慮不足が起因の不具合も少なくない。例えば、「ウエルドラインが意匠面に発生する位置にゲートを設けることができない製品設計になっている」などである。

樹脂成形に関する論理は、樹脂材料というさまざまな種類の粘性流体を取り扱いながら、金型との熱の授受を想定し、最後は、そりやヒケと呼ばれる変形を予測しなければならないという、いわば、材料力学・伝熱工学・流体力学の連成問題を取り扱うものであり、多岐に渡る工学知識が必要となる。さらに、「結晶化」や「熱硬化」などの材料特性や「耐油・耐水性」など使用環境下が樹脂材料の物性に与える影響に関して、論理化が発展途上にある技術であるため、使用する材料によって、CAEの結果と実測との挙動が一致しない場合も多く見受けられる。

樹脂製品設計では、要求品質・コストを明確にした上で、今まで明確になっている材料・加工の基礎知識を持ちながらも、熟練の「カン」を持つ専門家と協業しながら設計検討を行うことが望ましい。CAEで「論理化」されているところはCAEで行い、論理化されていないところは実験で補う。成形技術は、「論理」と「実験」、「経験とカン」が融合してはじめて設計が成功する技術である。

ここでは、成形の熟練工の方々と「あ・うん」の呼吸で設計が行え、かつ、現状の論理でどこまでCAEで対応が可能かを知ってもらうために必要な、樹脂製品設計に関する基礎事項を習得してもらう。そのために、本章では、次ページの項目について、説明を行う。

1. 樹脂成形の基礎知識

　(1)　樹脂材料について

　(2)　成形法と金型について

　(3)　射出成形工程と充填計算方法、保圧・冷却過程での収縮の考え方。

2. 樹脂材料・成形法を考慮した設計検討とアドバイス

　(1)　樹脂材料の持つ課題と、特徴を活かした活用法。

　(2)　成形不良とその対策。

　(3)　CAE で成形をどのように評価するか？

3.2　樹脂成形（充填・保圧・収縮計算）の基礎

3.2.1　樹脂材料

最初に、樹脂材料について説明する。

樹脂とは一般的に合成高分子材料のことを指す。**図 3.2.1** に金属と樹脂の分子構造を示す。

金属は、基本的に金属結合で原子が結合し、導電性、延性、高耐熱性を持っており、樹脂に比べて材料毎のこのような特性のばらつきが少ないのが特徴である。これに対し樹脂は、分子量の異なる分子の集合体となり、分子量は分布を持つ。加工・形状の自由度が高いが、逆に特性のバラツキが大きくなるという特徴を持つ。工業材料として使用される時は、着色剤、充填材、酸化や紫外線劣化に対する安定剤などが添加されるため、さらに材料特性にバラツキが生じる。

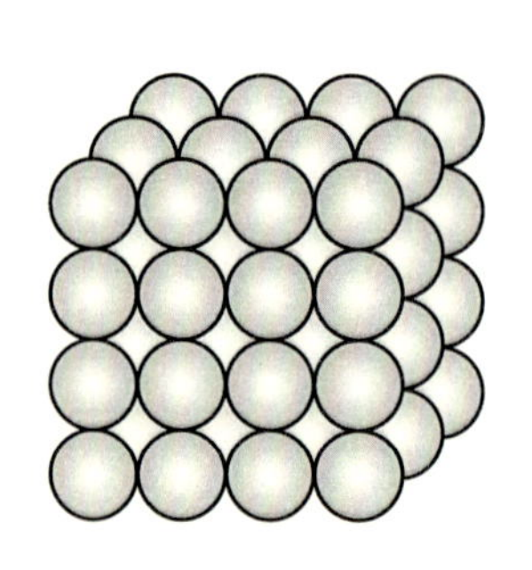

(a)　金属材料

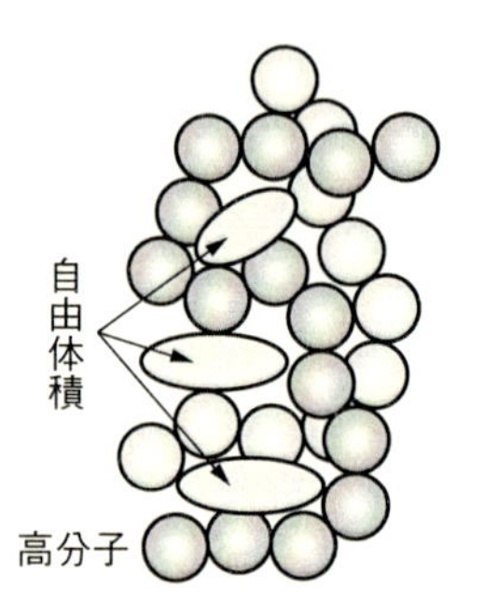

(b)　樹脂（高分子）

図 3.2.1　金属と樹脂（高分子）の分子構造

(1)　熱可塑性樹脂と熱硬化性樹脂

樹脂には大きく分け、熱可塑性樹脂と熱硬化性樹脂の2種類の樹脂がある。

熱可塑性樹脂は、加熱・加圧すれば溶融し、型に流し込むことで、容易に型の通りに成形ができ、取り出してもまた加熱すれば溶融して変形する。そのため、リサイクルが可能である。一方、熱硬化性樹脂は、一度加熱して流動性をもたせ、型内に注入して硬化すると、再び加熱しても溶融しない。これは、加熱することで重合という化学反応が進み、硬化が進むからである。熱可塑性樹脂はチョコレート、熱硬化性樹脂はクッキーをイメージすれば良い。熱可塑性樹脂と熱硬化性樹脂の一般的な特徴を**表3.2.1**示す。

表3.2.1　熱可塑性樹脂と熱硬化性樹脂

	熱可塑性樹脂	熱硬化性樹脂
分子構造	2次元構造の分子（鎖状）	架橋した3次元構造（網目状）
成形性	・溶融—固化の物理的変化のみ。 ・成形のサイクルが速く、再成形しやすい。 ・溶融粘度が高くバリが出にくい。	・重合による化学変化。 ・化学反応の速さにもよるが成形のサイクルが長い。再成形不可。 ・加熱で一旦粘度が低下するので、流動しやすいが、バリが出やすい。
力学特性	・比較的強靭。	・硬くてもろい。
耐熱性	・加熱すると溶ける。	・加熱しても溶けにくく。形状を維持している。 ・しかし、さらに加熱すると分解する。
耐溶剤性	・溶剤に侵されるものが多い。（特に非晶性材料）	・溶剤に侵されにくい。
電気絶縁性	・低いものもある。	・高い。

(2)　結晶性材料と非晶性材料

さらに熱可塑性樹脂は結晶性と非晶性材料に分けられる。非晶性材料は、鎖状につながった分子が不規則に並ぶが、結晶性材料は所々に分子鎖の結晶が揃い、耐熱性や強度で優れる。結晶性樹脂と非晶性樹脂の特徴を**図3.2.2**に示す。

また、結晶性樹脂と非晶性樹脂の特徴を**表3.2.2**に示す。

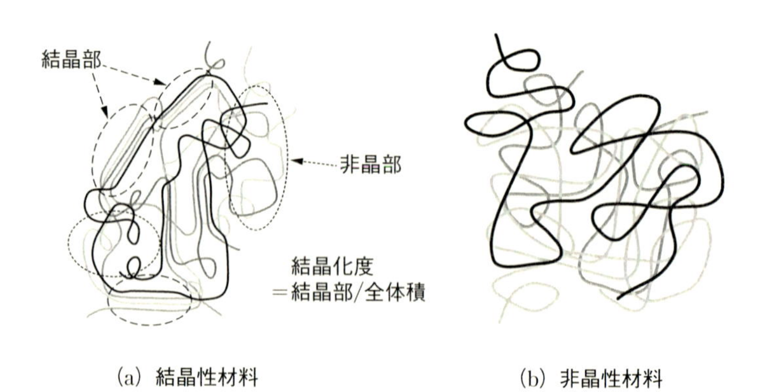

(a) 結晶性材料　　(b) 非晶性材料

図 3.2.2　結晶性と非晶性

表 3.2.2　結晶性樹脂と非晶性樹脂の特徴

	結晶性樹脂	非晶性樹脂
成形収縮率	大きい。	小さい。
耐溶剤性	基本的に強いが、芳香族化合物、界面活性剤などでクラックを生じるものもある。	弱い。溶けやすい。
透明性	不透明。	透明。
強度	概ね強い。	概ね弱い。

(3)　汎用プラスチックとエンジニアリングプラスチック（エンプラ）

汎用プラスチックは、家庭内の電化製品等で使用される安くて手頃に活用できるプラスチックである。例えば、買い物袋に使用される PE（ポリエチレン）や、さまざまな家電製品に使われている ABS、飲料水のケースに使われる PET（ポリエチレンテレフタレート）やその他、PP（ポリプロピレン）、PS（ポリスチレン）、PVC（ポリ塩化ビニル）などがある。

これら汎用プラスチックに比べ、100 ℃以上で長時間使用でき、強度 49 MPa 以上、曲げ弾性率 2.5 GPa 以上の高強度・高耐熱性プラスチックのことをエンジニアリングプラスチックという。代表的なエンジニアリングプラスチックとしては下記のようなものがある。

・PA（ポリアミド：ナイロン）

耐衝撃性や耐薬品性に特に優れ、電気特性にも優れている。

融点が高く、耐熱性も良い材料である。自己潤滑性があるため、機械部品の軸受けなどに使用される。

・POM（ポリアセタール）

強度、弾性率、耐熱・耐寒性、耐衝撃性・耐摩耗性に優れている。一般的に歯車やカムなどの機能部品に用いられる。設計では、ジュラコンやデルリンという言葉をよく使うが、ジュラコンはポリプラスチックス社の、デルリンはデュポン社の商標名である。

・PC（ポリカーボネート）

非晶性のため透明性が良く、耐衝撃性も良い材料である。ただし、加水分解を生じる、アンモニアに弱い、ソルベントクラック（応力の高い箇所に潤滑剤や薬品が付着することで、成形品表面に亀裂が発生する現象）を生じやすいなどの欠点を持つ。

・PBT（ポリブチレンテレフタレート）

120 ℃～140 ℃の連続使用温度に耐えることができる。磨耗性も少ない。

ただし、成形前に予備加熱が必要で、乾燥不十分だと成形中に加水分解を生じる。

・PPS（ポリフェニレンサルファイド）

耐熱性、難燃性に優れており、また、高強度である。

樹脂にもいろいろな種類がありますね。
・熱可塑性樹脂と熱硬化性樹脂
・結晶性材料と非晶性材料
・汎用プラスチックとエンジニアリング
　プラスチック
いきなり全部を一度に覚えるのは大変ですから、
自分がよく使う材料から、
特徴を理解していきましょう。

（4） 添加剤・改質剤など

酸化劣化などを防止し樹脂を安定化する、機械的強度向上や柔軟性や難燃性などの機能を付与するなどのため、添加剤が加えられる。ただし、これらの添加剤は別の特性を低下させる場合もあるので、使用の際は注意する必要がある。

添加剤の種類と用途については、下記の通りである。

①熱安定剤・酸化防止剤

成形時の熱劣化や酸化劣化を防止する。しかし、フェノール系、チオエーテル系、芳香族アミン系など、揮発しやすいものは、製品の中に内装されている電気接点の汚染や、金型の腐食などにつながるので、どのような環境で使用するかなどの注意が必要である。

②紫外線吸収剤・光安定剤

樹脂は紫外線などの光を吸収する官能基を持っているため、吸収した光のエネルギーで分子結合の切断や、劣化が起こる。紫外線吸収剤や光安定剤は、樹脂のもつ官能基に変わって光を吸収し、材料の劣化を防止する。紫外線吸収剤としては、ベンゾトリアゾール系、ベンゾフェノン系、サルチル酸エステル系、光安定剤としてはヒンダートアミンなどがある。

③難燃剤・難燃助剤

文字通り、これらの添加剤を加えることで熱に強くなる。難燃剤としては、ハロゲン（Br、Cl）系、リン系、水和金属化合物系（水酸化アルミニウム、水酸化マグネシウム）がある。難燃助剤としては、代表的なものとして、三酸化アンチモンなどがある。

④帯電防止剤（界面活性剤）

非イオン系、アニオン系、カチオン系などの界面活性剤により、体積抵抗率を $10^{12\sim13}$[Ω・cm] 程度にすると帯電防止性がでる。しかし、これらの添加剤は、徐々に表面に移行して、添加量が減少するため、効果が低下してくる。また、ポリエーテルエステルアミドのような高分子型の永久帯電防止剤もある。

⑤導電材

カーボン繊維、導電性カーボンブラック、金属繊維などの使用により、体積抵抗率を$10^{0\sim2}$[Ω・cm]程度にすることができ、導電性を持たせることができる。

⑥核剤

結晶性樹脂に対して、樹脂の結晶化を促進し、均一な細かい微細構造を形成することができる。しかし、核剤は上述の通り、結晶化速度に影響を与えるので、特に、ハイサイクル成形では、樹脂のグレード選定を考慮しなければならない。

⑦強化剤・充填剤（フィラー）

繊維状のガラス繊維やカーボン繊維などや、球状、不定形のタルク、マイカ、炭酸カルシウム、ガラスビーズ、クレー（カオリン）、シリカなどがある。フィラーのアスペクト比、フィラーと樹脂の密着性が材料の強度Upの効果に影響する。密着性向上のために、フィラー表面にカップリング処理（シラン系、チタネート系）を施す場合もある。樹脂特性の異方性を押さえるためには、アスペクト比の小さなフィラーを使用する。

しかしながら、フィラーの量を多く添加しすぎると、フィラーが樹脂表面に現れ、粉塵の影響や、フィラと樹脂との界面からの応力集中による破壊を促進するなど、かえって、脆くなる。適切な使用量（30％くらいまで）が推奨となる。

⑧着色料

装飾効果、耐候性、耐光性付与、間違い防止のための色分けなどの用途で使用する。

染料、無機顔料、有機顔料などがあり、耐熱性、樹脂への影響がない、毒性がない、耐候性、耐光性が良い、移行性がない、核剤効果がないなどの特徴を持つものが選ばれる。しかし、樹脂との親和性の良くない顔料を使用すると、成形中に着色剤が分離し、金型表面や成形機のスクリューを汚すおそれがある。着色料の選定には、使用する樹脂との親和性を確認しておく必要がある。

⑨発泡剤

軽量化、断熱性付与、緩衝性付与、ヒケ防止などの目的で使用する。

窒素ガスの混入による発泡や、熱分解型の発泡剤を使用する。

熱分解型発泡剤では、有機系のアゾジカルボンアミド、ジニトロソペンタメチレンテトラミン、ベンゼンスルホニルヒドラジンや無機系の重曹系がある。

⑩抗菌剤

細菌（バクテリア）の発生を防ぐために使用する。樹脂に使用される抗菌剤としては、耐熱性の良い無機系抗菌剤である銀、銅、亜鉛などの金属イオンを含むものを使用する。

⑪滑材（潤滑剤、離型剤）

成形機のホッパー内での樹脂ペレット同士の滑りや、金型からの離形性向上、および成形品の摩擦特性の改良に利用する。石油系潤滑剤や、合成油、脂肪酸とその金属塩、パラフィン類や各種のワックス類などがある。

⑫柔軟性改質剤

弾性率を小さくする効果があり、衝撃エネルギーを吸収する。ゴム（SBR、アクリルゴム、エチレンプロピレンゴムなど）、熱可塑性エラストマー、可塑剤（フタル酸エステル系、リン酸エステル系、脂肪酸エステル系、アジピン酸エステル系など）がある。

3.2.2　成形法と金型

ここでは、代表的な成形法とその際に使用する金型について紹介する。

(1)　射出成形

熱可塑性樹脂の代表的な成形法である。成形材料を加熱シリンダ内で加熱とスクリュー回転により溶融させて、これを金型内に加圧しながら注入する（図 3.2.3）。ほとんどの熱可塑性樹脂の成形が可能で、成形時間は数十秒～数分と短く、大量生産に適する。

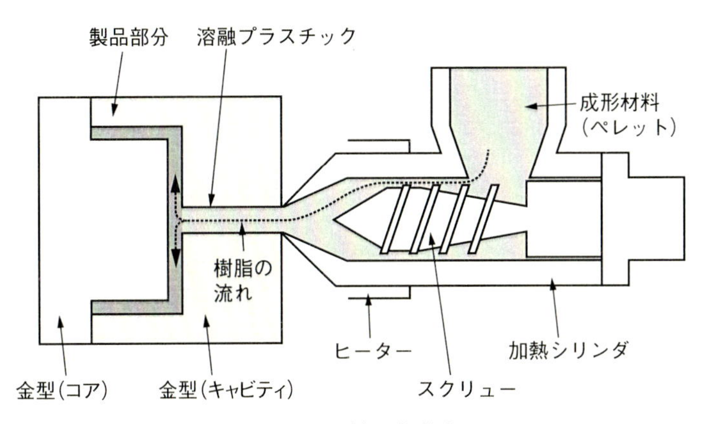

図 3.2.3　射出成形法

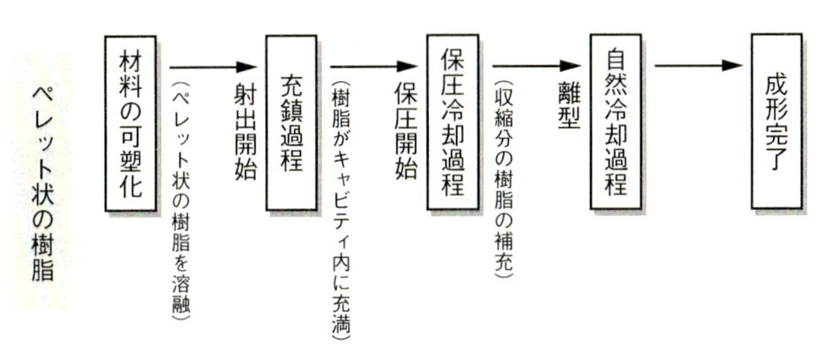

図 3.2.4　射出成形の工程

なお、熱硬化性樹脂に対応した射出成形装置もある。

射出成形の工程を**図 3.2.4** に示す。

使用する金型は、成形機側の固定側型板の凹部分のキャビティと、可動側型板の凸部分のコアに分かれる。金型構造は、2 プレート型と 3 プレート型などがある（**図 3.2.5**）。

なお、射出装置から金型内の製品形状までのつなぎ部分をランナーシステムという。ランナーシステムは、さらに以下の 3 つに分けられる。

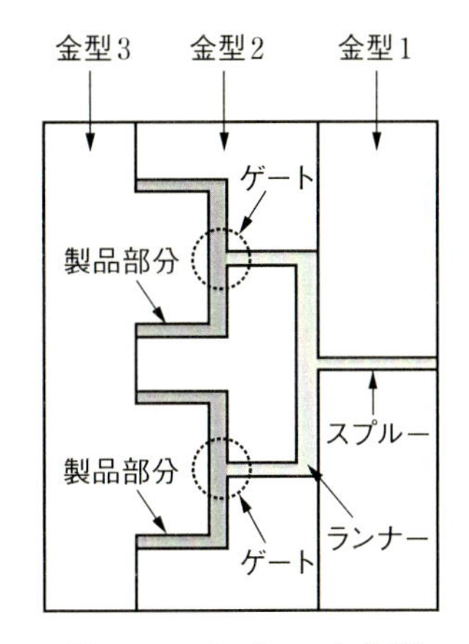

図 3.2.5　3 プレート金型

スプルー：射出装置から溶融した樹脂を金型内に注入する入口

ランナー：溶融樹脂を、成形する部分（型）に送るための道筋

ゲート　：ランナーから成形する部分（型）へ入る入口

(2) 射出圧縮成形

充填過程において、樹脂を途中まで流し込んだあと、ノズルを締め、その後、金型を閉じながら保圧をかけることで、成形時の残留応力を低減する。

そり・変形の抑制を行いながら、従来以上に薄型の成形品を製作するために考えられた、最近、注目されている工法である。

射出圧縮成形の工程を**図 3.2.6** および**図 3.2.7** に示す。

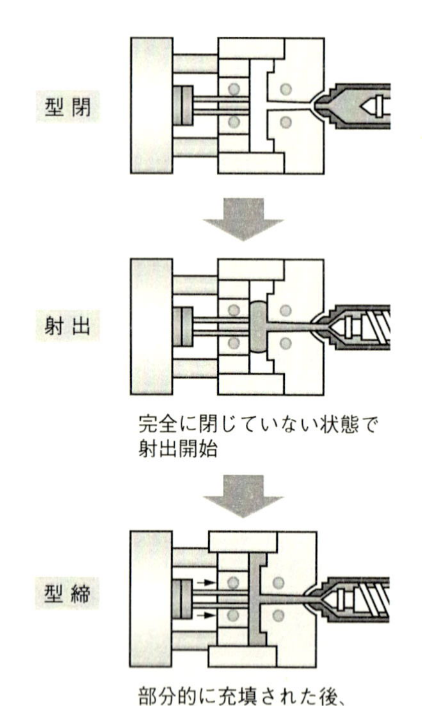

図 3.2.6　射出圧縮成形の工程

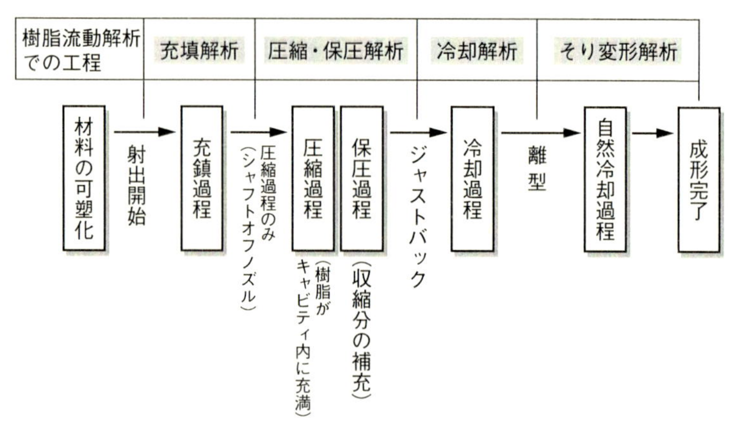

図 3.2.7　射出圧縮成形の工程

(3)　圧縮成形

加熱してある金型に粉末状の成形素材や溶融樹脂を入れ、プレスで加圧して製品を作る。主に熱硬化性樹脂の成形に用いられるが、最近は熱可塑性樹脂の成形にも用いられる。

射出圧縮成形は、従来、通常の成型方法でも製作できる部品等の、残留応力低減によるそり抑制に使われるようになってきた、現在、注目の工法です。

(4)　押し出し成形

シリンダ内でスクリュー回転と加熱によって成形材料を溶融し、ダイという型を通して押し出す成形法である。ダイの形状により、繊維、棒、管、シートなどが得られる（図3.2.8）。

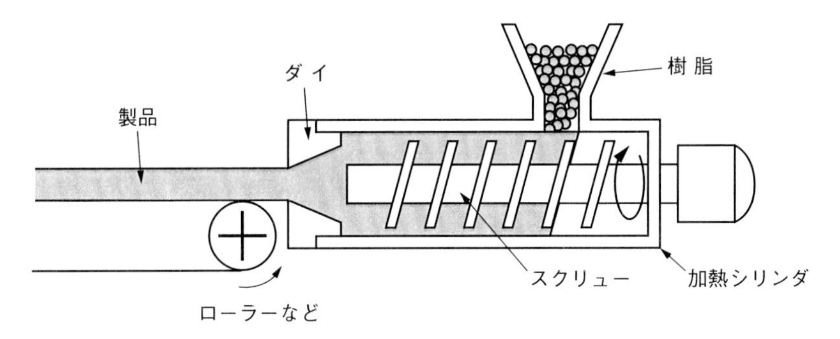

図3.2.8　押し出し成型

(5)　ブロー成形

加熱軟化したチューブ上の熱可塑性樹脂（パリソン）の内側に空気を吹き込み、周囲の型の内側に押し付けて、中空容器をつくる。ペットボトルの成形で有名である（図3.2.9）。

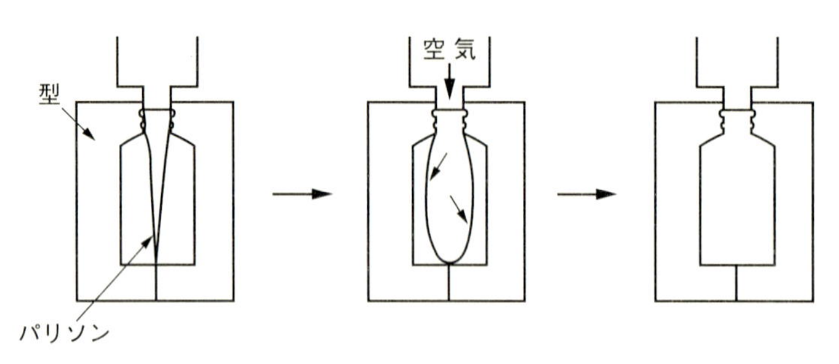

図 3.2.9　ブロー成形

(6)　注型

反応開始剤を混合した熱硬化性のモノマー溶液を型に注入し、重合硬化させて成形する方法である。

(7)　発泡成形

樹脂に発泡剤を混入させ、気泡を混ぜたやわらかい樹脂を成形する方法である。発砲成形した製品は、吸音材や断熱材、衝撃吸収材などに用いられる。通常の射出成形や押し出し成形で適用することが可能である。

3.2.3　射出成形工程と充填計算方法、保圧・冷却過程での収縮の考え方

ここでは、熱可塑性樹脂の代表的な成形法である射出成形を例に、図 3.2.4 に示した成形の一連の工程と充填計算手順、保圧・冷却過程での収縮の考え方を説明する。

(1)　材料の可塑化

図3.2.1に示すように、ペレット状の樹脂が加熱シリンダ内で暖められながら、スクリューの回転によりコネられ、溶融する。

(2)　充填過程

スクリューを回転させながら樹脂を前進させ、金型へ流し込む。この時、スクリューは油圧・電動などで回転と並進速度を制御している。

成形品の大半のクレームや品質問題は充填過程で決まるといわれている。設計した構造物が、どれだけスムーズに充填できるかを事前に知ることは、設計者にとって大変重要なことである。

◎充填計算手順

ここで概略だが、**図3.2.10**に示す幅 b、厚さ h、長さ l の薄板平板を例に、充填計算を実施する。製品寸法と流量・せん断速度・圧力損失の関係を理解し、製品設計へ活かしてもらいたい。

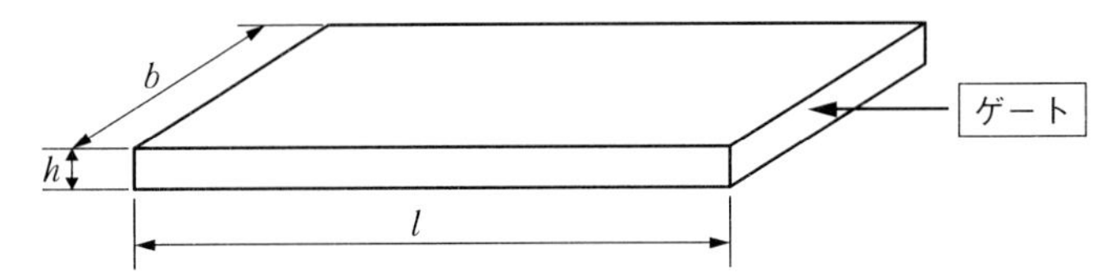

※ここでは、「l が b に比べて十分長く、$b>h$ とする。また、樹脂を非圧縮性粘性流体として取り扱い、ゲート部の圧力損失（ジャンクチャーロス）を無視する。樹脂温度は変化しない。」という条件で計算する。

図3.2.10　検討用モデル

①流量 Q [mm^3/s]

$$Q=\pi\times R_0{}^2\times v \qquad (3.2.1)$$

R_0：射出機スクリュー半径 [mm]、v：スクリュー送り速度 [mm]

②充填時間 Δt [s]

$$\Delta t=V/Q \qquad (3.2.2)$$

V：製品の体積。今回は $V=bhl$ [mm^3]

③せん断速度 $\dot{\gamma}$ [1/s]

$$\dot{\gamma} = Q/Z \tag{3.2.3}$$

Z：流動コンダクタンス（樹脂の流れやすさを示す指標）

断面によって決まる値であり、長方形断面の場合、$Z = \frac{bh^2}{6}$ [mm³] となる。

④粘度 μ（3パラメータ法）

$$\mu = A \times \dot{\gamma}^B \times \exp(C \times T) \tag{3.2.4}$$

μ：粘度 [Pa・s]、T：樹脂温度 [℃]

A、B、C：材料毎に決まる係数（**図 3.2.11** を参照のこと）

※粘度の式には、3パラメータ法の他に、6パラメータ法、Cross/WLF（7パラメータ法）の式などがある。最近のCAEでは、Cross/WLFの式を用いて計算することが主流になっているが、ここでは図3.2.11のようにパラメータの意味が理解しやすい、式3.2.4の3パラメータ法で説明する。

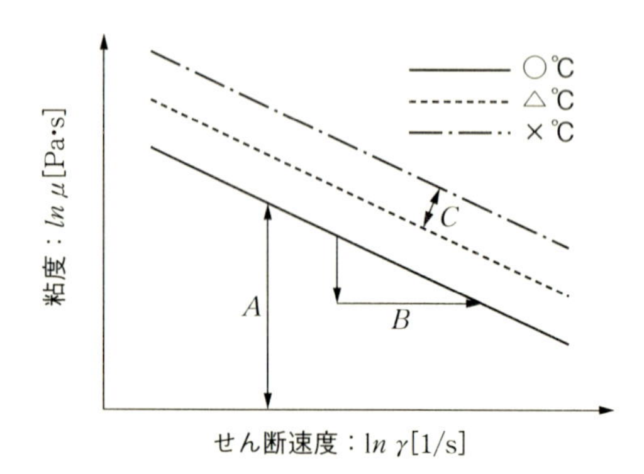

図 3.2.11　3パラメータ法：両対数グラフ

図 3.2.12 に、温度 T 毎のせん断速度と粘度の関係（粘性グラフ）を示す。粘性は、材料・グレード毎に定まるものであり、データは、樹脂メーカーに問い合わせて入手する。なお、Cross-WLF 式は下記の通りとなる。

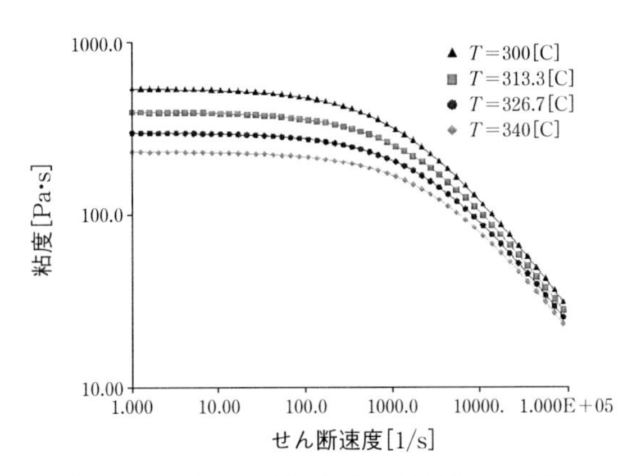

図 3.2.12　Cross-WLF 式の粘性グラフ（例）

※樹脂温度 T は、概略計算では成形機の樹脂温度を用いるが、できれば、金型との熱の授受（熱伝導）を考慮した樹脂温度を使用するほうがよい。

⑤ゲートから流動末端までの圧力損失 ΔP [Pa]

$$\Delta P = (2L/Rs) \times \dot{\gamma} \times \mu \tag{3.2.5}$$

L：流路の長さ（今回は l）

Rs：相当半径 [mm]　今回の断面形状の場合は h。

一般に、製品部（ゲートから製品の流動末端まで）の ΔP は、成形機内の圧力損失を考慮し、少なくとも成形機の最大射出圧力の 1/2～2/3 未満にする。成形機の最大射出圧力の 2/3 が製品部に消費されると成形が難しく、ショートショットなどの不良になるといわれている。樹脂温度 T および金型温度、成形機スクリュー回転数・送り速度 v などは、成形加工現場の技術者からアドバイスをもらいながら決定することが望ましいが、それが難しい場合は、樹脂メーカー・成形機メーカーより出されている基準値か過去の類似製品で使用した条件から決定し、①～⑤を計算してもよい。そして、製品の面基準、寸法や可能な範囲で成形条件などを修正しながら、ΔPを下げていく。詳細は節3.2.4で説明する。

(3) 保圧・冷却過程

樹脂は、射出過程ですぐに取り出すと、必ずといってよいほど冷えて収縮を起こし、中にはボイドという空洞が発生するものもある。そのため、この工程では、成形機から圧力をかけながら、収縮した分の樹脂を補充する。その時、スクリューは充填時の速度制御から圧力制御に切り替わる。（これをV–P切り替えという。）なお、保圧時の収縮挙動の計算を行う場合は、通常、樹脂を圧縮

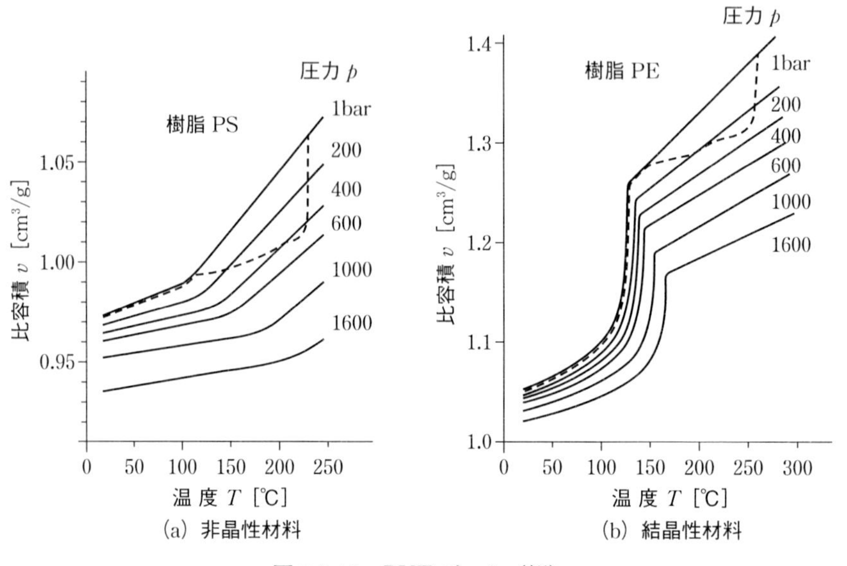

図3.2.13　PVTデータ（例）

性流体として取り扱い、**図 3.2.13** に示すようなPVT（保圧・比容積・金型温度）データを用いる。また、十分に圧力がかかり、樹脂全体が固化したと判断できるくらいから、保圧をかけるのをやめ、金型内で樹脂を冷やす。これを冷却過程という。保圧終了直後は、まだ樹脂は十分冷え切っていないため、取り出せる温度になるまで、型内で保持しなければならない。

(4)　自然冷却過程

型内から取り出して、さらに冷却する。

上記に述べた充填過程から型内冷却までの計算の流れを**図 3.2.14** に示す。

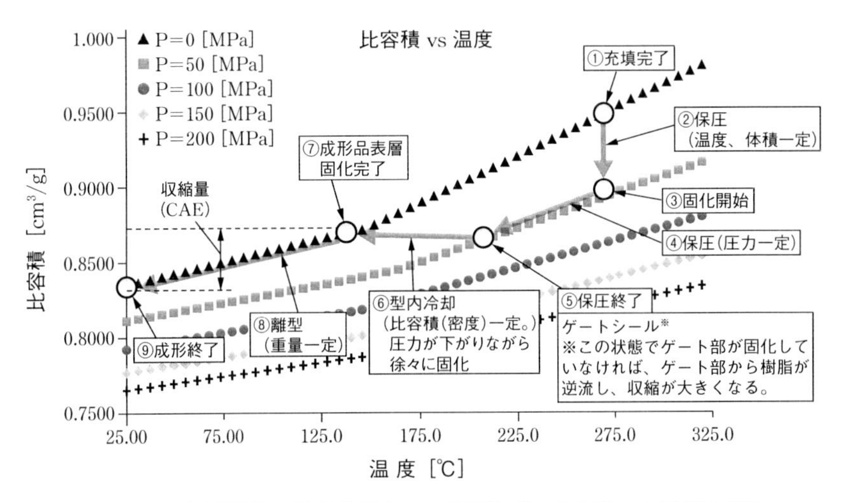

図 3.2.14　充填過程～型内冷却までのPVTデータを用いた計算の流れ

①→③の過程

温度が一定で、所定の保圧量まで、樹脂に圧力を掛ける工程である。

③→⑤の過程

圧力一定の保圧を所定の時間まで加える。徐々に樹脂温度が低くなり、温度低下と保圧によって収縮した樹脂分を新たに補充する工程である。⑤で保圧時間が終了し、圧力が解放される。

⑤→⑦の過程

金型内で、拘束を受けながらも、樹脂温度が低下していく工程である。オーバーパック気味になっており、金型に拘束されていることから、樹脂の体積はほとんど変化しない。

⑦→⑨の過程

樹脂が金型から取り出され、自然冷却の中で、そり・収縮を起こす工程である。

前述の通り、CAE における保圧―圧縮の計算は、図 3.2.14 の①～⑨の工程を計算している。

図 3.2.14 の⑦～⑨の間で、製品各箇所の収縮量の違いが表れ、製品全体の収縮量やそりとなって表れる。

3.3　成形不良とその対策。樹脂材料・成形加工を考慮した設計検討とアドバイス

前節では、射出成形の工程と充填論理をベースに、充填性を改善することで成形不良をなくす方法を述べた。しかしながら、実際には、論理だけでは対応できない成形不良も多数存在する。ここでは、そのノウハウも含め、成形不良とその対策・および樹脂材料・成形加工を考慮した設計検討アドバイスについて述べる。下記のノウハウの中から、製品設計で対応できる部分、材料変更や成形・金型条件で対応できる部分を整理して把握しておくとよい。

3.1.1　成形不良とその対策

以下に、成形不良とそれに対する対策を述べる。

(1)　ショートショット

溶融樹脂がキャビティ内に充填しきらず、一部が欠けたような状態になる現象である。

主な対策：

・ゲート位置の見直し、薄肉部の見直し、製品内流路の見直しを行う。

・樹脂温度を高くする、射出速度を速くするなどで、樹脂の粘度を下げる。

図 3.3.1　ショートショット

(2) ウエルドライン

キャビティ内を流れる溶融樹脂の流れの出会い部分に細い線が生じる現象である。ウエルドラインの位置では強度低下、外観不良の原因となる。

主な対策：

・ゲート位置の見直し、製品内流路の見直しを行い、意匠面や負荷がかかる部分にウエルドラインが発生しないようにする。

・樹脂温度を高くし、ウエルド位置での樹脂温度低下による強度低下を避ける。

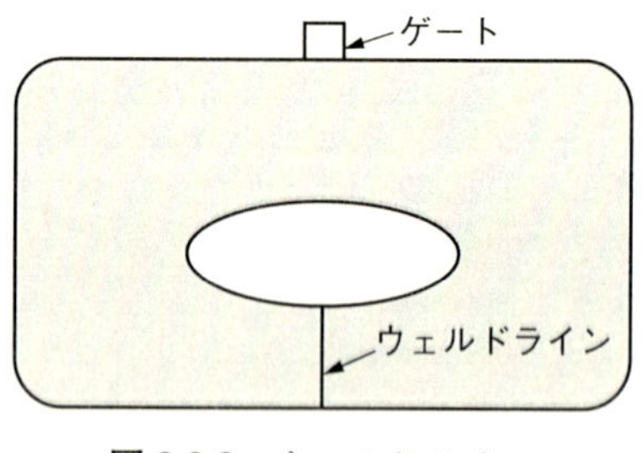

図 3.3.2 ウエルドライン

(3) ジェッティング

成形品の表面に針金を曲げたような模様が出る現象である。

主な対策：

・ゲート位置・方向を変更して、樹脂を一旦、壁面に当てるなどの工夫を行う。

・樹脂温度と金型温度を高くし、後から来る樹脂と先に入った樹脂が溶融して混ざり合うようにする。

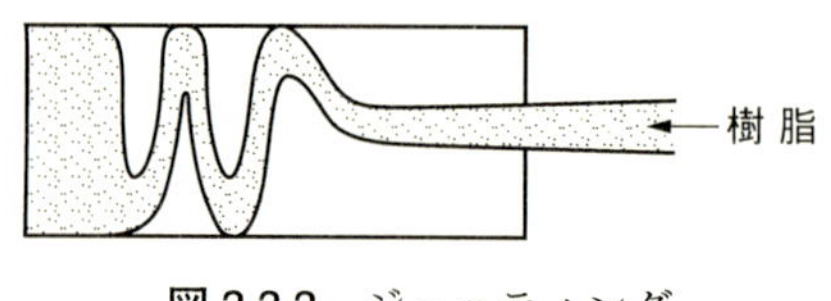

図 3.3.3 ジェッティング

・充填性が確保できるようであれば、ジェッティングそのものが起こらないように、充填速度を落とす。

(4)　フローマーク

溶融樹脂が、キャビティ内で固化しつつある部分と後から流入する溶融部分が完全に溶け合わずに成形品表面に層状の模様などを生じる現象である。

主な対策：

・樹脂温度と金型温度を高くし、後から来る樹脂と先に入った樹脂が溶融して混ざり合うようにする。

・保圧時間を長くして、フローマークそのものを消す。

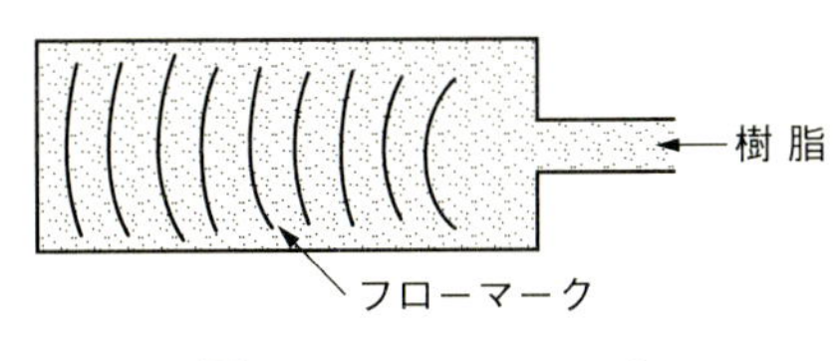

図 3.3.4　フローマーク

(5)　バリ

パーティングラインなどに発生する。金型の隙間に溶融樹脂がはみ出す現象である。

主な対策：

・射出時・保圧時の圧力を低くする。

・金型の型締め力を高くする。

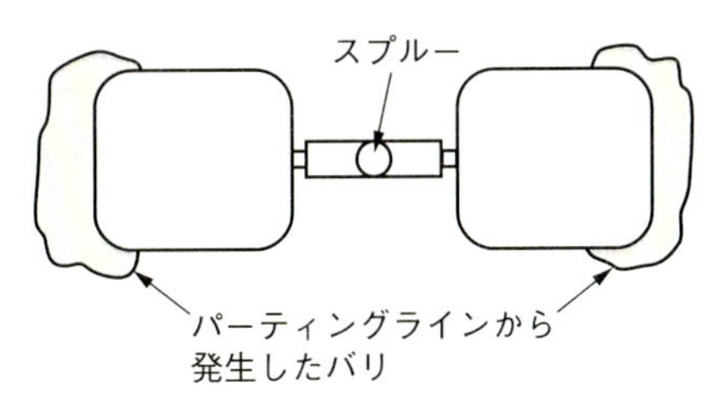

図 3.3.5　バリ

・充填性が確保できるのであれば、射出速度を遅くし、樹脂の粘度を高くする。

(6) ヒケ・ボイド

成形品の表面が凹む、または、肉厚部に空洞ができる現象である。

主な対策：

・厚さの均一化を図る、または肉盗みを設けるなどの対策を行う。

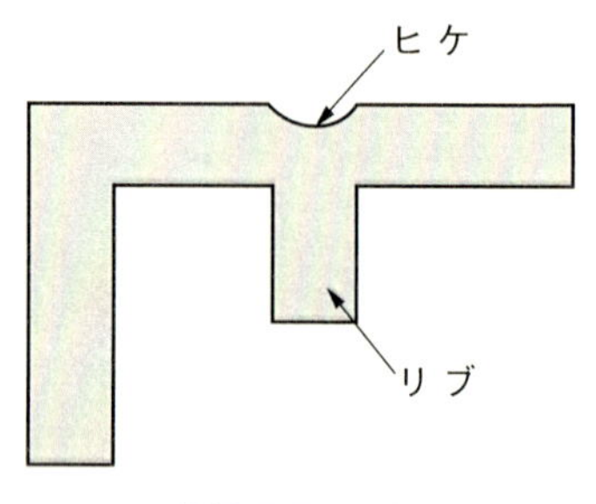

図 3.3.6　ヒケ

(7) そり

金型温度のアンバランスや成形品の離型性が悪い時に、成形品がそったり、ねじれたりする現象である。

主な対策：偏肉を避ける、リブなどをつけ、倒れ防止形状にする。離形性を良くするために、抜き勾配を多く設けておくか、離型剤を用いる。

(8) 白化

離形性が悪く、エジェクタピンで押出した跡やその周辺によく見られる白っぽくなる現象である。

主な対策：

・抜き勾配の見直しや離形剤の見直しを行い、離型性を良くする。

・エジェクト速度を下げる。

今まで述べた不具合については、

・CAE で直接評価可能なもの

(1)　ショートショット

(2)　ウエルドライン

(3)　ジェッティング

(6)　ヒケ・ボイド

(7)　そり

・CAE で直接評価はできないが、CAE より得られる「せん断速度」「樹脂温度分布」「圧力損失」の分布から、間接的に改善評価が可能なもの

(4)　フローマーク

(5)　バリ

(8)　白化

がある。CAE と実験を有効活用して、対策を行う。

3.3.2　樹脂材料・成形加工を考慮した設計検討とアドバイス

今まで学んだことを踏まえ、樹脂材料・設計加工を考慮した設計検討に必要なアドバイスを下記にまとめる。実際に設計検討を行う際の参考にしてもらいたい。

(1)　樹脂材料活用のメリットと選定時の留意点

下記の観点を踏まえ、製品に求められる QCD を総合的に判断し、樹脂材料の活用を判断する。

(a)　樹脂材料を活用するメリット

○加工の自由度・効率性

・取り出し即完成品。

・複雑な形状も、成形用の金型に樹脂を転写するだけなので高速に加工できる。

・金属と樹脂の一体成型も可能。

・仕上げ加工ほとんど不要。

○低コスト

・材料単価が一般の鉄鋼材料と比較して安価。

汎用プラスチックは、数100円/kg。

エンジニアリングプラスチックは数100～数1000円/kg。

汎用プラスチックは、金属に比べ安価。エンジニアリングプラスチックは金属と同等程度。ただし、前述の加工の自由度・効率性を考えるとメリットあり。

・大量生産可能

○樹脂材料特有の長所

・耐震・防音・耐磨耗性。

(b) 樹脂材料選定時の留意点

○鉄鋼材料と比較した場合の短所

・引張り・曲げ強さ、弾性率、硬さが小さい。

・上記の温度依存性、時間依存性が大きい。

・有機溶剤、油類に侵されやすく、また、吸水性にも注意が必要。

・耐熱性・熱伝導性が低く、燃焼性が高い。

使用する樹脂によっては有毒ガスも発生する

・線膨張率が大きい。高温になると膨張し、低温になると収縮する。

○劣化の考慮

① 力学的な劣化

・成形時にできるボイド（空気の巻き込み、または真空ボイド）や、ガラスフィラ等の偏在により、応力集中による破壊を起こす。

・高温負荷時の経年変化（クリープ）、および、温度変化による熱ひずみの増減で、疲労破壊を起こす。

② 溶剤・薬品による劣化

樹脂と潤滑油などの薬剤の相溶性が良い場合に、応力がかかっている個所に薬剤が溶け込んだ場合、ソルベントクラックが発生する。

③　光による劣化

成形品の表面で発生する劣化で、ある特定の波長の光を樹脂（ポリマー）内に吸収して生じる。

(2)　成形加工を考慮した設計検討

(a)　充填性の良い設計を心がける。

・樹脂製品の品質の 80 %は充填過程で決まる。充填性（充填時の圧力）を低くなるように設計する。

(b)　成形品は薄肉、かつ均厚が基本

・目安として肉厚変化は 20 %程度に抑える。それ以上は、厚肉部と薄肉部の冷却速度が極端に異なり、真空ボイドやそり等の原因になる。

(c)　抜き勾配の考慮

・抜き勾配は、製品性能や平面度などに影響しない部分に設ける。

(d)　ウエルドラインの考慮

・負荷がかかる箇所へのウエルドラインの防止。ゲート位置の変更。2点ゲートなどの対策がある。

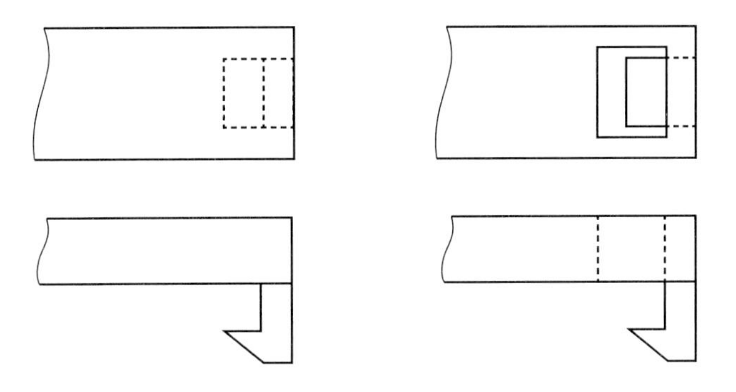

(a) アンダーカットになる設計　　(b) アンダーカットを避けた設計

図 3.3.7　アンダーカットを避ける設計

(e)　そりを防ぐ製品形状

・均厚形状やそり防止のリブ設置を行う。
　ただし、目安としてリブ厚みはベース厚みの 50 %以内とする。

(f)　金型構造を考えた製品形状

・複雑な形状になると金型製作コストが高くなる。アンダーカットを避け、
　パーティングライン分割が単純になる製品形状を考える。

3.4　樹脂成形とCAE（樹脂流動解析）の関係。CAEの有効な使い方

本節では、第1章、第2章同様、

- 工学的な論理とCAEの関係
- 論理計算とCAEの比較
- （前節までに記述した内容と重複する部分があるかもしれないが）CAEの有効な使い方

について述べる。

3.4.1　樹脂成形とCAE（樹脂流動解析）の関係

樹脂流動解析CAEは、インサート物以外は大気圧と考え、金型と樹脂の間の熱の授受を考慮しながら、樹脂の成形性を温度・速度（せん断速度）毎の粘性データ（節3.2を参照のこと）を利用して計算する。その後、圧力と比容積・温度の関係を示すPVTデータを用いて保圧量・保圧時間と樹脂の収縮の関係を解き、そり・収縮量を算出する。樹脂成形CAEの流れ（流動計算部分）を**図3.4.1**に示す。

ここで、Hele–Shawの式とは、かつて、コンピュータの能力が低い時に、簡易的に樹脂の成形性を計算できないかと考えられた「薄肉用流動解析」の式である。

本来であれば、**図3.4.2**の流体の運動方程式（Navier–Stokesの式）を解かなければならないが、Hele–Shawは、次ページの条件のもとで、Navier–Stokesの式を簡略化し、x、y方向（流動方向および流動に垂直な方向（幅方向））の表面力の釣り合いのみで、樹脂の充填性を解いている。

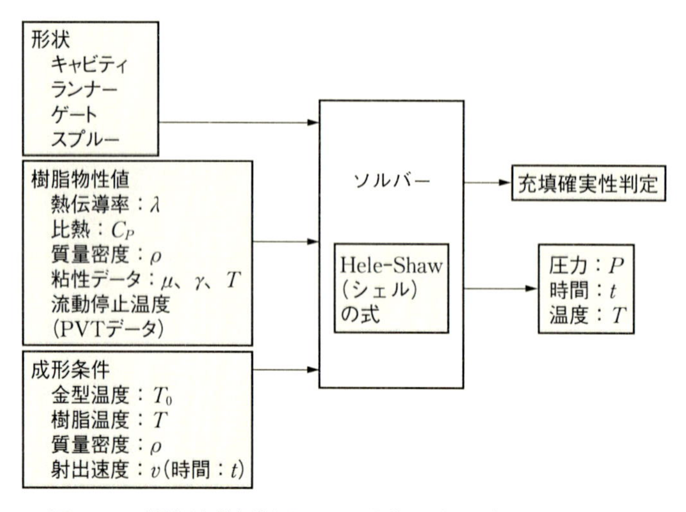

図 3.4.1　樹脂流動解析 CAE の計算の流れ（充填解析部分）

$$\rho\left(\frac{\partial u}{\partial t}+u\frac{\partial u}{\partial x}+v\frac{\partial u}{\partial y}+w\frac{\partial u}{\partial z}\right)=-\frac{\partial P}{\partial x}+\left(\frac{\partial \tau_{xx}}{\partial x}+\frac{\partial \tau_{yx}}{\partial y}+\frac{\partial \tau_{zx}}{\partial z}\right)+\rho g_x$$

$$\rho\left(\frac{\partial v}{\partial t}+u\frac{\partial v}{\partial x}+v\frac{\partial v}{\partial y}+w\frac{\partial v}{\partial z}\right)=-\frac{\partial P}{\partial y}+\left(\frac{\partial \tau_{xy}}{\partial x}+\frac{\partial \tau_{yy}}{\partial y}+\frac{\partial \tau_{zy}}{\partial z}\right)+\rho g_y$$

$$\rho\left(\frac{\partial w}{\partial t}+u\frac{\partial w}{\partial x}+v\frac{\partial w}{\partial y}+w\frac{\partial w}{\partial z}\right)=-\frac{\partial P}{\partial z}+\left(\frac{\partial \tau_{xz}}{\partial x}+\frac{\partial \tau_{yz}}{\partial y}+\frac{\partial \tau_{zz}}{\partial z}\right)+\rho g_z$$

非定常項　対流項　表面力　体積力

慣性項

簡略化　薄肉と仮定

流動解析で用いられる式
運動方程式
質量保存則（連続の式）
エネルギー保存則

$$\frac{\partial P}{\partial x}=\frac{\partial \tau_{zx}}{\partial z}$$

$$\frac{\partial P}{\partial y}=\frac{\partial \tau_{zy}}{\partial z}$$

Hele-Shaw流れの式

図 3.4.2　樹脂流動解析 CAE の計算式（充填解析部分）

樹脂流動で行われる計算は、基本は薄肉で適度な粘性と流速のもとで商品が製造されると仮定し、

・z 方向（厚み方向）の表面力は計算しなくてもよい。

・重力の影響や慣性力（ジェッティング）の影響は考えなくてよい。

私が、節3.2で説明した計算式も、上記のHele–Shawの式から成り立っているし、世間一般で良く使用されている「簡易版」と呼ばれる樹脂流動CAE解析ソフトも、基本的には上記の論理を用いて計算している。

しかし、コンピュータの計算処理能力の向上で、高機能な樹脂流動CAE解析ソフトは、Navier–Stokesの式のかなりの部分を忠実に計算し、また、構造解析機能も有しながら、そり・収縮や残留応力まで解けるようになってきている。

先人は、限られたPCのメモリやCPU速度の中で、
必要最低限な論理をつくって
CAEソフトをつくっていたのですね。

3.4.2　充填計算における論理計算とCAEの比較

今回は、下記の解析モデルの製品部分（ゲートより先）について、論理計算とCAEの結果の比較を行う。なお、今回はオートデスク社のCAEソフトMoldFlowを用いた。

(1)　論理計算

節3.2.3に従い計算していく。なお、樹脂は金型冷却の影響を受けないとして、樹脂温度 $T=300$ [℃] として計算していく。

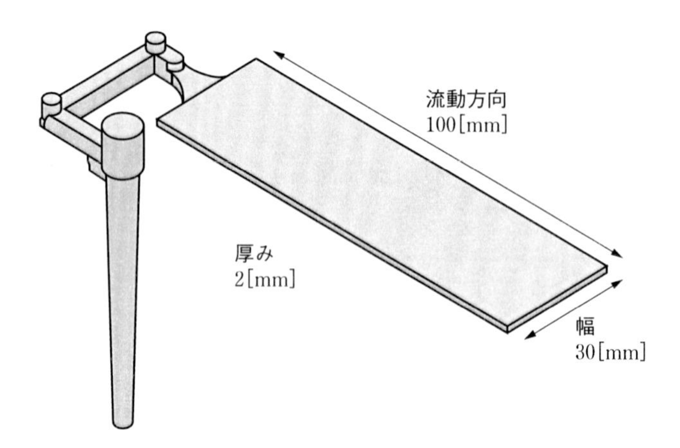

図 3.4.3 検証モデル

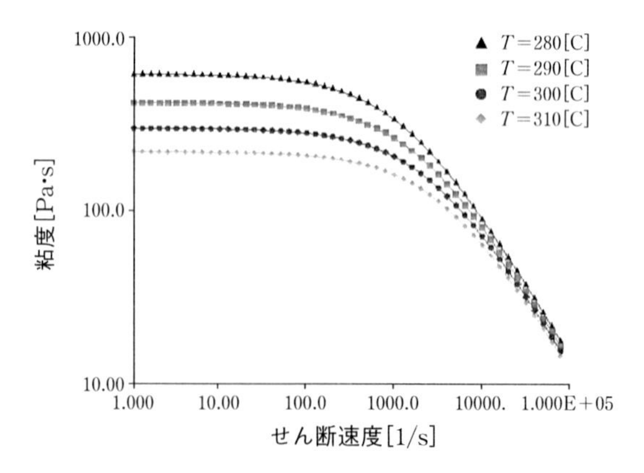

図 3.4.4 粘性データ（Cross/WLF 式）
成形条件：樹脂温度　300 [℃]、金型温度　100 [℃]
成形機　スクリュー送り速度　30 [mm/s]
スクリュー径（直径）20 [mm]

①流量 Q [mm^3/s]

$$Q = \pi \times R_0{}^2 \times v = \pi \times 10^2 \times 30 = 9425\ [\mathrm{mm^3/s}] \qquad (3.4.1)$$

R_0：射出機スクリュー半径 [mm]、v：スクリュー送り速度 [mm]

②充填時間 Δt [s]

$$\Delta t = V/Q = 100 \times 30 \times 2/9425 = 0.637\ [\mathrm{s}] \qquad (3.4.2)$$

V：製品の体積。今回は $V = bht$ [mm³]

③せん断速度 $\dot{\gamma}$ [1/s]

$$\dot{\gamma} = Q/Z = 9425/(30 \times 2^2/6) = 471 \text{ [1/s]} \qquad (3.4.3)$$

Z：流動コンダクタンス

断面によって決まる値であり、長方形断面の場合、$Z = \dfrac{bh^2}{6}$ [mm³]

④粘度 [Pa・s]

図 3.4.4 より、せん断速度 471 [1/s]、樹脂温度 300 [℃] の部分を読み取って、

$$\mu \fallingdotseq 200 \text{ [Pa・s]} \qquad (3.4.4)$$

⑤ゲートから流動末端までの圧力損失 $\varDelta P$ [Pa]

$$\varDelta P = (2L/Rs) \times \dot{\gamma} \times \mu = (2 \times 100/2) \times 471 \times 200 = 9.42 \times 10^6 \text{[Pa]}$$

$$= 9.42 \text{ [MPa]} \qquad (3.4.5)$$

L：流路の長さ（今回は l）　Rs：相当半径 [mm]　今回の断面形状の場合は h。

(2)　CAE 解析結果

金型温度 100 ℃の時の CAE 解析結果を**図 3.4.5** に、金型温度 ＝ 樹脂温度（300 ℃）の CAE 解析結果を**図 3.4.6** に示す。

前ページの論理計算は図 3.4.6 の状態を計算したものである。（実際には金型温度 300 ℃は、高分子の分解・劣化などもあり、あり得ない数値であるが、）金型温度を 300 ℃にして計算すると、論理計算の結果（9.42 [MPa]）と CAE の結果（9.77 [MPa]）は相対誤差 3.7 %で一致している。誤差 3.7 %の違いは、ゲート部の設定の違い（論理計算は幅 30 mm で均一に流れているとしている）によるものと思われ、CAE のほうが若干高い値になっている。

通常、今回使用した樹脂は、金型温度 100 ℃で成形するので、金型表面の粘度が高くなるため、実機に近い結果は図 3.4.5 の CAE の値だと思われる。

図 3.4.5　金型温度 100 ℃の時の充填時圧力分布

図 3.4.6　金型温度 300 ℃（論理計算と同様）の時の充填時圧力分布

3.4.3　樹脂流動CAE解析の有効な使い方と注意点

(1)　CAEの有効な使い方

前述の通り、樹脂製品の出来栄えの 8 割は樹脂の充填性の良さにかかっているといっても過言ではない。樹脂の充填性が良ければ、ショートショットなどの不良は発生せず、ウエルドラインがあったとしても、その部分の樹脂温度が十分高ければ強度もそれほど低下しない。充填性の良さは成形時の圧力にも影響を及ぼし、保圧が十分にかかれば、樹脂はヒケることなく、そりも小さくなり、良品がとれる。要は、充填時の圧力が小さくても充填するに十分な圧力であれば、その後工程もスムーズにいき、不良が少なくなるのである。節 3.2.3 の充填の式(3.2.5)をいかにして小さくするかがカギとなる。

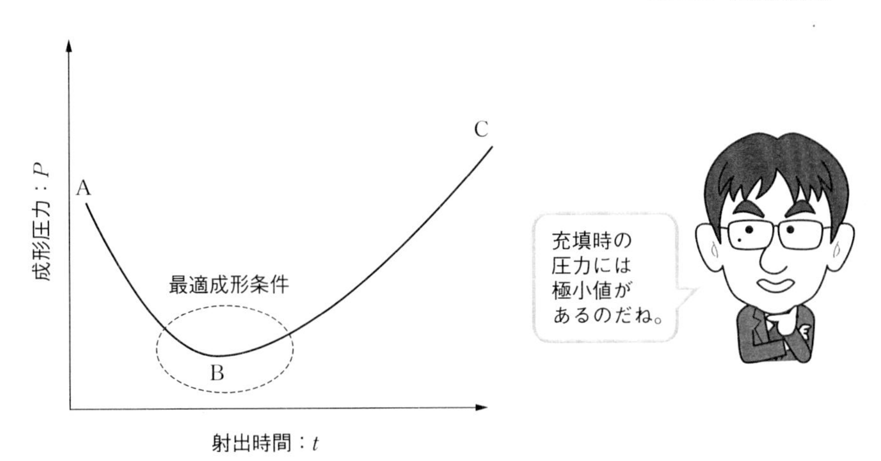

図 3.4.7　射出時間と成形圧力の関係

充填に必要な圧力 P は、形状や成形条件（充填速度、材料の粘度（粘度を決める充填速度と樹脂—金型温度）により計算され、**図 3.4.7** のように、射出時間に対して、極小値を持つ。

・図 3.4.7 の AB 間：射出時間が短いと、樹脂を短時間に充填しなければならないので樹脂を動かすための運動エネルギーが高くなり、成形圧力は高くなる。射出時間が除々に長くなるに従って、樹脂の運動エネルギーが小さくなり、成形圧力が低下していく。

・図 3.4.7 の BC 間：射出時間が長くなり過ぎると、充填した樹脂の先端の温度が下がり、樹脂の粘度が高くなって樹脂自身が移動しにくい状態となり、成形圧力が上昇していく。

以上より、最適な射出時間 t が存在し、その時の圧力は樹脂を充填するために必要な充填圧力 P_{min} となる。

P_{min} は節 3.2 で説明した論理式からも導き出せる。ぜひ活用してもらいたい。

(2)　CAE 活用上の注意点

樹脂成形 CAE 解析ソフトを扱う場合は、

①　樹脂の材料データが正確かどうか？　添加物やガラスフィラ等の影響

は？

② 射出成形機のスクリュー送り速度が正しく制御されているかどうか？

③ 成形機内の温度制御・樹脂の混練度合いはどうか？

④ 金型は正確な寸法でできあがっているだろうか？

熱膨張・収縮の影響は？

⑤ 金型を支える成形機の金型母材（プラテン）の強度は大丈夫か？

⑥ 金型の冷却システムは正常に動いているだろうか？

など、懸念すべき項目が多い。これらについては、現場の成形担当の方々や樹脂メーカーさまと逐次、情報を共有しておく必要がある。CAE では、理想的な材料、成形・金型条件で行われているものとして計算するため、CAE 解析に必要な情報はできるだけ正確に知っておかなければならないためである。ただし、①がどれくらい正確に計測できるかについては、第 4 章で紹介する。

第3章　復習テスト

次の内容は、正解（○）か、誤り（×）か？

第1問

ブロー成形は、パリソンと呼ばれる加熱軟化したチューブ上の熱可塑性樹脂の内側に空気を吹き込み、周囲の金型の内側に押し付けて、中空容器をつくる。ペットボトルの成形で有名である。

第2問

エンジニアリングプラスチック（略称　エンプラ）とは、100℃以上で長時間使用でき、強度49 MPa以上、曲げ弾性率2.5 GPa以上の高強度・高耐熱性プラスチックのことをいう。

第3問

樹脂材料は、主に熱可塑性樹脂と熱硬化性樹脂があり、熱可塑性樹脂は加熱・加圧により型通り成形でき、再加熱すれば溶融・変形する。一方、熱硬化性樹脂は、加熱・加圧により成形時に重合・縮合反応が進み硬化し、再加熱しても軟化しにくい。

第4問

エンジニアリングプラスチックであるポリカーボネート（PC）は、吸水性が高く、寸法安定性に劣る材料である。

第5問

エンジニアリングプラスチックであるポリアセタール（POM）は、弾性率が大きく、バネ特性や耐摩耗性がある。また、自己潤滑性を持つため、歯車などの部品に活用されている。

第 6 問

型内を流れる溶融樹脂の、流れの交わり部分に線が生じる現象で、交わった部分が溶け合わないためにできる境界線のことをパーティングラインという。

第 7 問

樹脂製品の製作の際には、射出成形などの工法が用いられるが、その際に使用される樹脂の流動性を調べる金型をバーフロー金型、またはスパイラルフロー金型という。

第 8 問

熱可塑性樹脂は結晶性と非晶性材料に分けられる。非晶性材料は、鎖状につながった分子が不規則に並ぶが、結晶性材料は所々に分子鎖の結晶が揃い、耐熱性や強度で優れる。

第 9 問

昨今、脚光を浴びている「射出圧縮成形法」は、樹脂の充填中にわずかに成形金型を開き、充填を無理なく行った後、型締め機構やシリンダーを利用して、成形品を加圧圧縮して所定の形状を作成する方法である。分子配向が起こりにくく、残留応力やそり・変形の減少も期待できる。

第 10 問

ウエルドラインは、金型内を流れる溶融樹脂の流れの出会い部分に細い線が生じる現象である。ウエルドラインの位置での強度低下、外観不良の原因となる。

引用：http://blogs.yahoo.co.jp/netpe1mon

Net-P.E.Jp　1 日 1 問！ 技術士試験 1 次、2 次択一問題

第4章

品質のバラツキ原因と対策

第１章～第３章の中で、CAE と論理計算（一部、原理実験）を比較してきたが、CAE 特有のメッシュタイプおよび分割数と結果の評価を間違えなければ、

CAE の結果　≒　論理計算

といえることがわかってきた。また、実機と CAE の値が一致しないことについては、下記の五つの原因が想定されることを述べた。

① CAE 特有のメッシュタイプまたは必要なメッシュ分割数に達していない。

② CAE で計算する時と実態とでは、部材の固定状態や発熱量・境界条件が異なっている。

③ （上記にもつながるが）CAE で設計計算を行う際に、それまでの加工によるダメージを考慮していない。

④ CAE を計算する際に入力する材料定数や、設計寸法に誤差がある。または、実測そのものに誤差がある。

⑤ 現状の CAE では計算できない新たな論理や、使用環境・材料劣化などを考慮していない。

①～③については、第１章～第３章で述べてきたので、本章では、④、⑤について述べる。

4.1　各基礎工学の数式から読み取れる、バラツキ原因の影響と評価方法

設計のバラツキについては、統計学的手法（シックスシグマ）などがよく用いられるが、ここでは、材料力学の公式から、ある程度簡単に読み取れる誤差について紹介する。

節1.3.1で述べたような、長さl、幅b、厚みhの片持ち梁の先端に質量mの物体を、静かにのせた場合を例に考える。

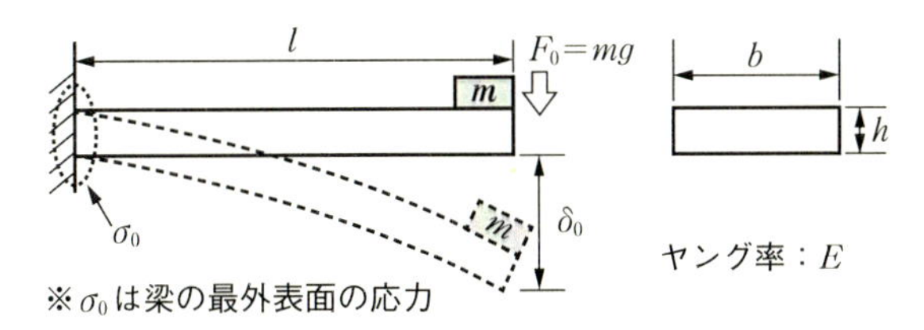

図4.1.1　梁のたわみと応力（静荷重の場合）

荷重とたわみ、荷重と応力（静的応力）の関係は式(4.1.1)、(4.1.2)のとおりとなる。

・荷重と変位の関係

$$\delta_0=\frac{F_0\,l^3}{3EI}=\frac{mgl^3}{3E\left(\dfrac{bh^3}{12}\right)}=\frac{4mgl^3}{Ebh^3} \tag{4.1.1}$$

・荷重と応力の関係

$$\sigma_0=\frac{M}{Z}=\frac{F_0\,l}{I/\left(\dfrac{h}{2}\right)}=\frac{mgl}{\left(\dfrac{bh^3}{12}\right)/\left(\dfrac{h}{2}\right)}=\frac{6mgl}{bh^2} \tag{4.1.2}$$

それでは、たわみδ_0、応力σ_0の相対誤差$\Delta\delta_0/\delta_0$、$\Delta\sigma_0/\sigma_0$はどのように表されるであろうか？　概略では、式(4.1.3)、(4.1.4)のように表されるのである。

$$\frac{\Delta\delta_0}{\delta_0} \fallingdotseq \frac{\Delta m}{m} + 3\frac{\Delta l}{l} + \frac{\Delta E}{E} + \frac{\Delta b}{b} + 3\frac{\Delta h}{h} \tag{4.1.3}$$

$$\frac{\Delta\sigma_0}{\sigma_0} \fallingdotseq \frac{\Delta m}{m} + \frac{\Delta l}{l} + \frac{\Delta b}{b} + 2\frac{\Delta h}{h} \tag{4.1.4}$$

ここで、Δm は質量の誤差、Δl は長さの誤差、Δb は幅の誤差、Δh は厚み誤差、ΔE はヤング率の誤差（それぞれ正の値）とする。

それでは、式(4.1.3)、式(4.1.4)について、証明する。

(1)　たわみ δ_0 の相対誤差

図 4.1.1 において、各形状寸法、質量、ヤング率にそれぞれ上記のような誤差があると考えた時、δ_0 の最大値 δ_{max}、最小値 δ_{min} はそれぞれ式(4.1.5)、(4.1.6)になる。

$$\delta_{max} = \frac{4(m+\Delta m)g\,(l+\Delta l)^3}{Ebh^3} \tag{4.1.5}$$

$$\delta_{min} = \frac{4mgl^3}{(E+\Delta E)(b+\Delta b)(h+\Delta h)^3} \tag{4.1.6}$$

（δ_{max} は分子が大きく分母が小さくなる条件、δ_{min} は分子が小さく、分母が大さくなる条件を選ぶ。）

それでは、δ_0 の相対誤差はどうなるだろうか？

$$\frac{\Delta\delta_0}{\delta_0}=\frac{\delta_{\max}-\delta_{\min}}{\delta_{\min}}$$

$$=\frac{\dfrac{4(m+\Delta m)g(l+\Delta l)^3}{Ebh^3}-\dfrac{4mgl^3}{(E+\Delta E)(b+\Delta b)(h+\Delta h)^3}}{\dfrac{4mgl^3}{(E+\Delta E)(b+\Delta b)(h+\Delta h)^3}}$$

$$=\frac{\dfrac{4(m+\Delta m)g(l+\Delta l)^3(E+\Delta E)(b+\Delta b)(h+\Delta h)^3-4mgl^3Ebh^3}{Ebh^3(E+\Delta E)(b+\Delta b)(h+\Delta h)^3}}{\dfrac{4mgl^3}{(E+\Delta E)(b+\Delta b)(h+\Delta h)^3}}$$

(4.1.7)

ここで、微少項（$\Delta E\times\Delta b$ などの掛け算）は、ほぼ０とみなして計算すると、式(4.1.8)になる。

$$\frac{\Delta\delta_0}{\delta_0}\fallingdotseq\frac{\dfrac{4(m+\Delta m)g(l^3+3l^2\Delta l)(E+\Delta E)(b+\Delta b)(h^3+3h^2\Delta h)-4mgl^3Ebh^3}{Ebh^3(E+\Delta E)(b+\Delta b)(h^3+3h^2\Delta h)}}{\dfrac{4mgl^3}{(E+\Delta E)(b+\Delta b)(h^3+3h^2\Delta h)}}$$

$$=\frac{\dfrac{4g(3ml^3Ebh^2\Delta h+\Delta ml^3Ebh^3+3ml^2\Delta lEbh^3+ml^3\Delta Ebh^3+ml^3E\Delta bh^3)}{Ebh^3(Ebh^3+3Ebh^2\Delta h+\Delta Ebh^3+E\Delta bh^3)}}{\dfrac{4mgl^3}{(Ebh^3+3Ebh^2\Delta h+\Delta Ebh^3+E\Delta bh^3)}}$$

$$=\frac{3ml^3Ebh^2\Delta h+\Delta ml^3Ebh^3+3ml^2\Delta lEbh^3+ml^3\Delta Ebh^3+ml^3E\Delta bh^3}{Ebh^3ml^3}$$

$$=\frac{\Delta m}{m}+3\frac{\Delta l}{l}+\frac{\Delta E}{E}+\frac{\Delta b}{b}+3\frac{\Delta h}{h} \tag{4.1.8}$$

(2) 応力 σ_0 の相対誤差

たわみ δ の相対誤差と同様に、σ_0 の最大値 $\sigma_{\max}$、最小値 $\sigma_{\min}$ はそれぞれ式(4.1.9)、(4.1.10)になる。

$$\sigma_{\max}=\frac{6(m+\Delta m)g(l+\Delta l)}{bh^2} \tag{4.1.9}$$

$$\sigma_{\min}=\frac{6mgl}{(b+\Delta b)(h+\Delta h)^2} \tag{4.1.10}$$

($\sigma_{\max}$ は分子が大きく分母が小さくなる条件、$\sigma_{\min}$ は分子が小さく、分母が大さくなる条件を選ぶ。)

$$\begin{aligned}\frac{\Delta\sigma_0}{\sigma_0}&=\frac{\sigma_{\max}-\sigma_{\min}}{\sigma_{\min}}\\&=\frac{\dfrac{6(m+\Delta m)g(l+\Delta l)}{bh^2}-\dfrac{6mgl}{(b+\Delta b)(h+\Delta h)^2}}{\dfrac{6mgl}{(b+\Delta b)(h+\Delta h)^2}}\\&=\frac{\dfrac{6(m+\Delta m)g(l+\Delta l)(b+\Delta b)(h+\Delta h)^2-6mglbh^2}{bh^2(b+\Delta b)(h+\Delta h)^2}}{\dfrac{6mgl}{(b+\Delta b)(h+\Delta h)^2}}\end{aligned} \tag{4.1.11}$$

ここで、微少項（$\Delta h\times\Delta b$ などの掛け算）は、ほぼ0とみなして計算すると、式(4.1.12)になる。

$$\frac{\Delta\sigma_0}{\sigma_0}\fallingdotseq\frac{\dfrac{6(m+\Delta m)g(l+\Delta l)(b+\Delta b)(h^2+2h\Delta h)-6mglbh^2}{bh^2(b+\Delta b)(h^2+2h\Delta h)}}{\dfrac{6mgl}{(b+\Delta b)(h^2+2h\Delta h)}}$$

$$\frac{\Delta\sigma_0}{\sigma_0}=\frac{\dfrac{6g(ml\Delta bh^2+2mlbh\Delta h+\Delta mlbh^2+m\Delta lbh^2)}{bh^2(bh^2+\Delta bh^2+2bh\Delta h)}}{\dfrac{6mgl}{(bh^2+\Delta bh^2+2bh\Delta h)}}$$

$$=\frac{ml\Delta bh^2+2mlbh\Delta h+\Delta mlbh^2+m\Delta lbh^2}{bh^2ml}$$

$$=\frac{\Delta m}{m}+\frac{\Delta l}{l}+\frac{\Delta b}{b}+2\frac{\Delta h}{h} \tag{4.1.12}$$

式(4.1.3)、(4.1.4)より、たわみ・応力に対し、材料定数や寸法などがどの程度バラツキに影響を及ぼしているかがわかる。また、式(4.1.1)と式(4.1.3)、式(4.1.2)と式(4.1.4)を比べると以下のことがわかる。

- たわみ・応力の相対誤差は、各係数の相対誤差の総和になっていること
- 元の式の中でべき乗になっている係数（今回の場合、h と l）は、元の式の中では 3 乗だが、式(4.1.3)中では、$\Delta h/h$、$\Delta l/l$ は 3 倍になっている。
- 式(4.1.1)や(4.1.2)の中の、係数の前についている定数“4”、“6”は、誤差には関係ない。
- 実際の寸法や材料定数の誤差がわかれば、おのずとたわみ・応力のバラツキも想定できる。

また、今回は、片持ち梁を例にあげたが、引張りやせん断・熱や樹脂の成形性などを求める場合も上記の考え方が可能となる。

式(4.1.8)(4.1.12)の考え方は、掛け算・割り算のみで構成された式にはすべて当てはまるので、流用してみてください。

4.2　基礎工学・CAEだけでは評価できない品質のバラツキ原因と対策

CAEだけでは評価できない品質のバラツキとしては、

・実験の計測誤差（計測の限界）

・CAEでは解くことのできない現象

（材料のロット、加工工程、使用状況、化学反応等による劣化など）

などがある。

4.2.1　実験の計測誤差

CAEと実験による結果が異なると、すぐにCAEの設定が間違っているのではないかとなりがちであるが、まずは、材料定数の計測環境や、製品の使用状態を確認することをお勧めする。例えば、**図4.2.1**に示すようなスイッチ等の場合、精度や解像度の合っていない計測器を用いると、計測結果そのものにヒステリシス性がでるなど、実験結果そのものの信憑性が問題になることがあ

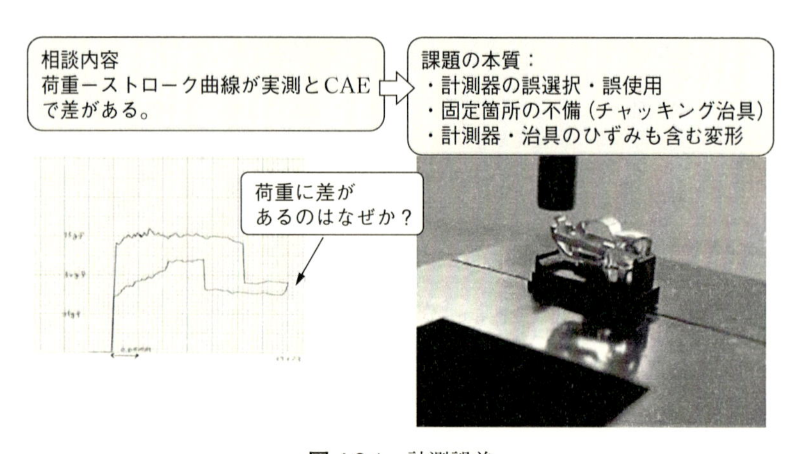

図4.2.1　計測誤差

る。

※さまざまな、材料試験・評価方法

構造・固有値・伝熱・樹脂成形では、さまざまな材料試験、評価試験がある。ここでは、その一部を紹介する。

（1）　構造・固有値に関する試験法

①引張り、圧縮、ねじれ、曲げ試験

材料の強度を計測する一般的な試験である。それぞれ、試験片が規定されており、丸棒・板材・線材などについて、どのような大きさ、形状の試験片を用いるのかが決まっている。

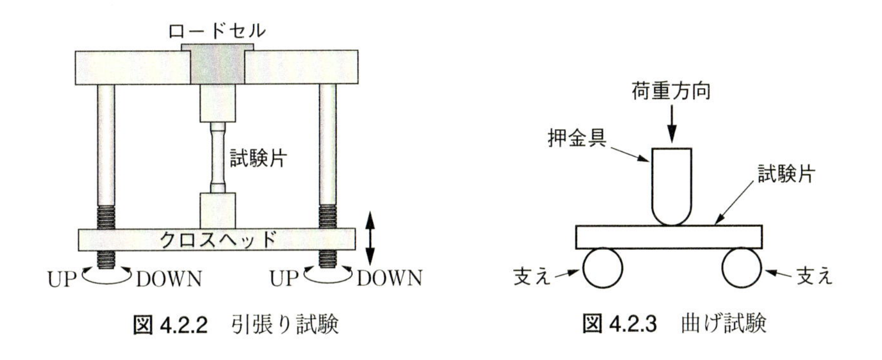

図 4.2.2　引張り試験　　図 4.2.3　曲げ試験

試験片の両端を装置で保持した時の荷重・トルクと変位量、曲げ量、ねじり量の関係を測定し、それを「応力―ひずみ線図」として求める。

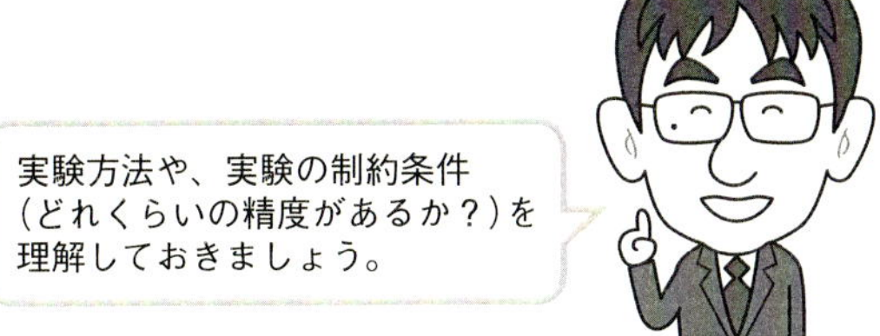

②ひずみゲージ

薄い樹脂の電気絶縁体上に格子状の金属箔をフォトエッチングして製作され

たものである。荷重および熱による部材の伸び・ひずみを計測するために一般的によく使用される。

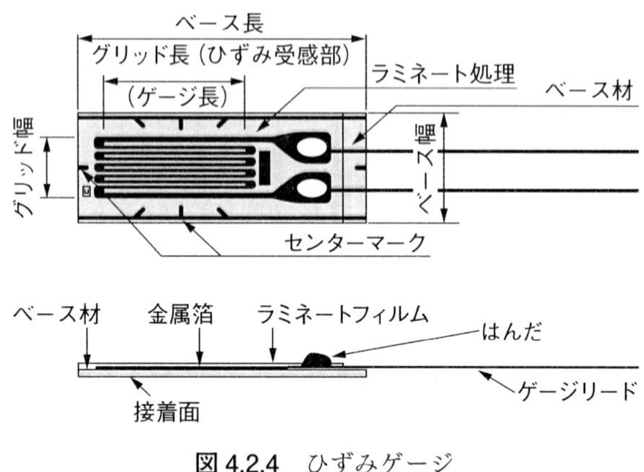

図 4.2.4　ひずみゲージ

③非破壊検査（超音波探傷試験、蛍光浸透探傷試験、渦電流探傷試験など）

(a)　超音波探傷試験

部材深部の欠陥部の検出に用いられる。音波は、弾性係数の異なる物質との界面で反射を起こすため、超音波（0.2〜15 MHZ）のパルス波を用いて、欠陥部からの反射を検出する。

(b)　蛍光浸透探傷試験

蛍光性の浸透液を試験体に塗布し、表面に開口する割れや不完全な接着などの欠陥にしみこませ、一定時間後に表面の蛍光液を洗い流す。これに深部の蛍光液を吸い出す現像剤を塗布し、暗室で紫外線に照射し、欠陥部分より発する蛍光を検出して、部材の欠陥部を検知する。

(c)　渦電流探傷試験

交流を流したコイルを試験体に近づけると、試験体に渦電流が流れる。正常な部材と、欠陥のある部材では、渦電流に変化し、コイルのインピーダンスが変化するため、欠陥部の探傷が可能となる。

④振動試験器

固有振動数（共振周波数）を計測するために加速度ピックアップを部材の複数個所に貼り、加振器またはインパルスハンマーを用いて、振動を加え、その時の反射波をオシロスコープやスペクトラムアナライザー等を用いて検出する。

(2)　熱・温度に関する計測

①熱電対

温度測定で良く使われるスタンダードな温度計測方法である。異なる2種の金属の線の両端を互いにつないで回路をつくり、この先端を、測定個所に接着またははんだづけを行う。二つの接点の間に温度差が生じると、起電力が生じ、その値により、温度を計測する。熱電対には、被着部材や温度計測範囲でさまざまなものがある。

K熱電対（アルメル—クロメル熱電対）：

使用温度範囲は －200℃～1000℃。熱起電力の直線性が良く、もっとも使用される。

T熱電対（銅—コンスタンタン）：

使用温度範囲は －200℃～300℃。低温測定に向いており、熱伝導誤差が少ない。

R熱電対（白金ロジウム合金—白金熱電対）：

使用温度範囲は0℃～1400℃。バラツキや劣化が少なく、熱起電力が低く、高温測定向き。

②放射温度計・サーモビューワ

ともに、被測定物の表面から放出される赤外線放射エネルギーについて、赤外線センサを用いて計測し、被測定物の表面温度を測定する。非接触型だが表面しか計測できない。

(3)　樹脂材料の粘性等の計測

①スパイラルフロー試験

一定条件のもとで、射出成形を行った時の樹脂流動長を測定する。

樹脂流動長の、射出温度依存性、射出圧力依存性などの計測を行う。

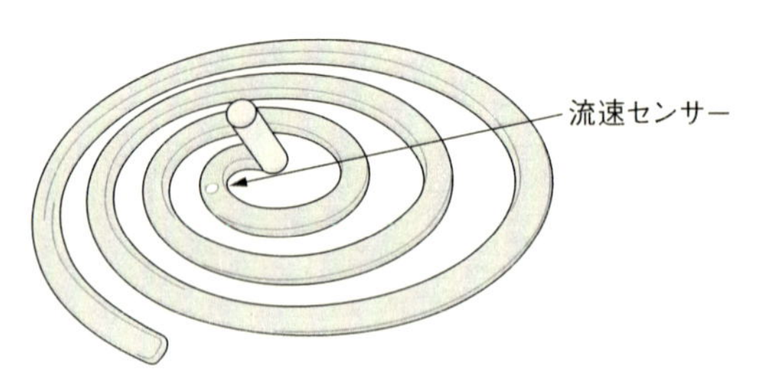

図 4.2.5　スパイラルフロー試験

②キャピラリレオメータ・回転粘度計

ともに、樹脂のせん断速度と粘度の関係を計測する。詳細は次ページに示す。

③ PVT 試験

冷却時の挙動変化（P（圧力）—V（体積）—T（温度））を測定する。

測定温度上限（計測する試料の溶融温度以上）に加熱したシリンダに試料を投入し、溶融、脱泡させ、任意の圧力をかけ、温度・圧力が安定したら、シリンダ内の試料の体積を測定する。通常は 5～10 ℃毎にデータ採取を行う。

4.2.2　樹脂の粘性データの計測範囲

樹脂の粘性データの計測方法としては、2 種類ある。

①キャピラリレオメータ

バレル（加熱ヒータを外周に取り付け、スクリューを内蔵した円筒容器）に充填した樹脂材料を一定温度で溶融させ、決められた速度で降下するピストンによってキャピラリー（毛細管）から押し出し、その時に加わる荷重を測定することで、溶融粘度を測定する。計測できるせん断速度範囲は 10～2000 [1/s] 程度である。

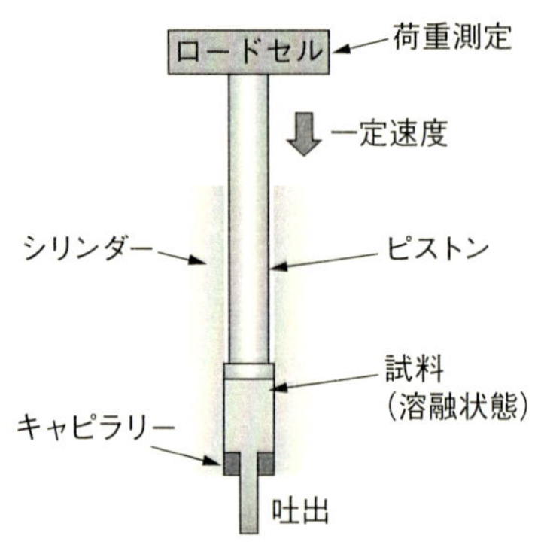

図 4.2.6　キャピラリレオメータ

②回転粘度計

回転できる外筒（半径 r_2）と既知のねじり定数 k をもつピアノ線で吊った内筒（半径 r_1）の同心二重円筒から構成されており、溶融樹脂を同心二重円筒の中間の高さ h まで入れ、外筒を角速度 ω で回転させると、樹脂の粘性のため内筒が回転し、内筒に働くトルク M とピアノ線のねじり力が釣り合ったところ（角度 θ）で停止する。その際、下記の2式を使用して、樹脂の粘度 η を計測する。

$$\eta = C \times \frac{M}{\omega} = C \cdot k \times \frac{\theta}{\omega} \qquad (4.1.9)$$

$$C = \frac{1}{4\pi h} \times \left(\frac{1}{{r_1}^2} - \frac{1}{{r_2}^2} \right) \qquad (4.1.10)$$

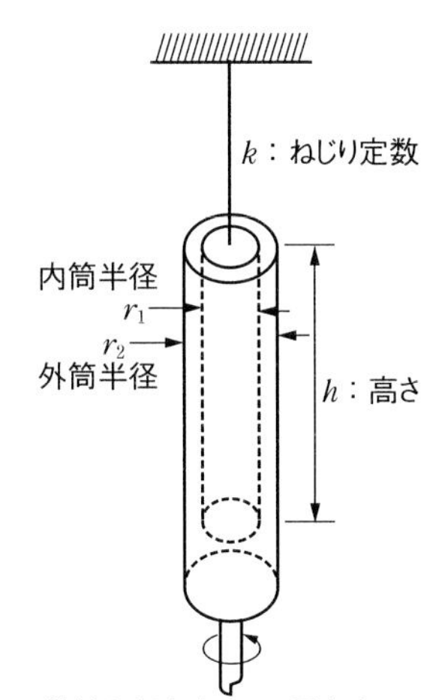

図 4.2.7　回転粘度計

回転粘度計で計測できるせん断速度の範囲は 0〜20 [1/s] 程度である。

樹脂は主に前ページで述べた二つの計測器で粘度を測り、Cross/WLF 式等により、近似曲線をつくる。

しかし、せん断速度が 10^4 [1/s] を超えたあたりからは、粘度を計測できない。

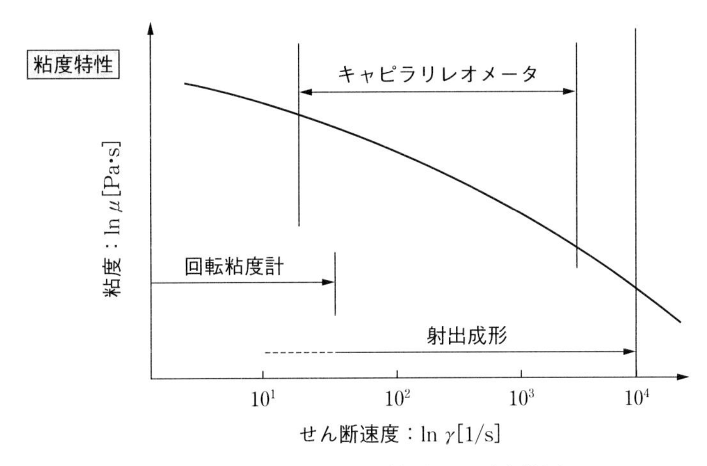

図 4.2.8　粘性データと計測器の測定範囲

そのため、10^4 [1/s] 以上は、近似式による粘度の予測になるため、誤差が生じやすい。高速で充填する場合に、流動パターンやそりなどがCAEと実機で一致しない理由の一つは、実は、粘度そのものが実態と合っていないケースが多い。

4.2.3　材料定数等の有効桁から想定できる誤差（例：ヤング率について）

CAEでよく使われているヤング率はどの程度の誤差を持っているのだろうか？　例えば、鉄鋼材料（SUS）でどの程度の誤差を見込んでおけばよいだろう？

SUS304のヤング率は206 [GPa] と定められているが、きっちりと206 [GPa] というわけではない。この数値は、工学単位系からSI単位系に移行する時に定められた数値で、工学単位系の時は21000 [kgf/mm^2] であった。しかし、これは、「20500 [kg/mm^2] 以上、21500 [kg/mm^2] 未満」と読み取らなければならない。そのため、相対誤差は、$(21500-20500)/21000\times100\fallingdotseq4.8$ [%] である。

材料定数の変化を管理しないとならないような設計を行う際は、ロット毎に自身で材料試験を行うことを推奨する。

4.2.4　CAEでは解決できない誤差

前述の通り、材料のロット、加工工程、化学反応等による劣化などである。代表的なものを下記に示す。

①応力腐食割れ

塩水や酸溶液中などの腐食環境下で応力が加わった時に、通常よりも小さな荷重で亀裂が発生し、破壊に至る。原因は下記の通り。

・引張り応力で発生しやすい。

・合金で発生しやすい。

・環境と材料との組み合わせで割れが生じる。

対策は、「ショットピーニング」「焼鈍などの熱処理」が有効である。

②摩耗

複数の部材の接触面が摩擦する時、接触面から微細な削れが発生する。摩耗の種類にもよるが、例えば、凝着摩耗（接触面のやわらかい面から粒子状に削れる）などは、できるだけ、接触する2面の硬さの差をなくすなどの工夫が必要である。

③キャビテーション

高速に流れる液体中の圧力差により、短時間の泡の発生と消滅が起きる現象。流体機械、配管など、圧力が高い場合に金属が破壊する。対策としては、流れの中の最低圧力が飽和蒸気圧以下とならないように接触面の形状の最適化・流体との接触面を広くするなどが有効である。

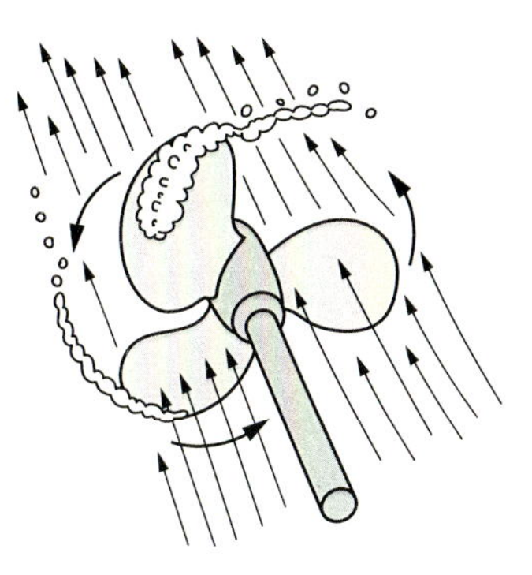

図 4.2.9　キャビテーション

④エロージョン・コロージョン

エロージョンとは、液体による繰り返しの衝突によって、材料表面が摩耗する現象である。また、コロージョンとは、腐食によって、化学的に材料表面が損傷していく現象を指す。このエロージョンとコロージョンが組み合わさると材料表面による摩耗　→　摩耗した部分が腐食により劣化が起こる。

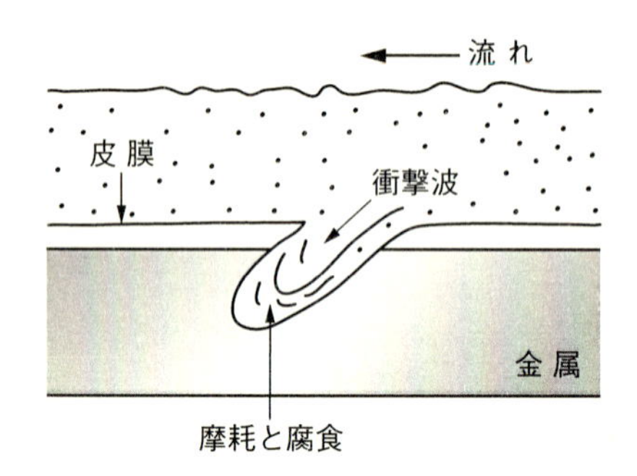

図 4.2.10　エロージョン・コロージョン

その他、腐食など、いろいろと、論理が解明されておらず、かつ、CAE に反映されていない、さまざまな現象があるということを理解しておくこと。

これからの私たちに求められているのは、「CAE」と「実測」の比較ではなく、CAE の限界を把握したうえで、CAE で解明できるところは CAE で行い、解明できていないところは実験をうまく活用するという「CAE」と「実験」を用いた協調設計なのである。

第4章　復習テスト

次の内容は、正解（○）か、誤り（×）か？

第1問

断面の直径が d の円柱の棒を面に垂直に荷重 F で引っ張った時の応力 σ は

$$\sigma = F/(\pi \times d^2)/4$$

であるが、断面の直径 d のバラツキを Δd、荷重 F のバラツキを ΔF とする時の応力のバラツキの最大を $\Delta\sigma$ とすると、

$\Delta\sigma/\sigma \fallingdotseq \Delta F/F+2\Delta d/d$　　となる。

第2問

応力腐食割れは、塩水や酸溶液中などの腐食環境下で応力が加わった時に、通常よりも小さな荷重で亀裂が発生し、破壊に至ることをいう。

第3問

キャビテーションは、低速に流れる液体中の圧力差により、短時間の泡の発生と消滅が起きる現象である。

第4問

樹脂の粘性を測る装置として、キャピラリレオメータがあるが、計測範囲(せん断速度の範囲）は、10～2000 [1/s] 程度である。

第5問

凝着摩耗（接触面のやわらかい面から粒子状に削れる）などは、できるだけ、接触する2面の硬さの差をなくすなどの工夫が必要である。

引用：http://blogs.yahoo.co.jp/netpelmon

Net-P.E.Jp　1日1問！　技術士試験1次、2次択一問題

[付録] 復習テスト—答え

【第１章】

第1問　答え　○

$x = A\sin(\omega_n t + \alpha)$

$\omega_n = \sqrt{\dfrac{K}{m}}$：固有角振動数、$\alpha$：初期位相角

として、運動方程式を解く。

第2問　答え　○

長辺 b、短辺 h の長方形断面の棒が捩られる時のせん断応力は、ねじりによる断面が反る効果を考えて計算され、その最大値は、長辺中央になる。

第3問　答え　×

疲労の途中の亀裂の進展を示す縞模様は、ストライエーションと呼ばれる。

第4問　答え　○

荷重制御の場合は、応力はヤング率に左右されず、$\sigma = F/A$

（F：荷重、A：断面積）で求められる。

第5問　答え　×

応力とひずみの関係を示すマトリックスは $\boldsymbol{D}$ マトリックスと呼ばれる。

$\boldsymbol{B}$ マトリックスは、変位とひずみの関係を示すマトリックスである。

第6問　答え　○

設問のとおりである。応力集中係数 α と間違えやすいので注意しよう。

第7問　答え　○

Von Mises の式で、σ_x 以外を0にした場合（単純引張り）と τ_{xy} 以外を0にした場合（単純せん断）で比較のこと。

第8問　答え　×

説明文「3.」の中に間違いがあります。振動を抑える場合は、加振点を固有モードの「節」に一致させる。

第9問　答え　×

焼きなましは、内部応力の除去、硬さの低下、被削性の向上、冷間加工性の改善のために行われる。

硬さの向上、じん性の向上を行う操作は焼き入れと呼ばれ、鋼をオーステナイト状態（炭素鋼の場合、面心立法格子）から、急冷して硬化させ、マルテンサイト組織（炭素鋼の場合、体心立法格子）とする。

第10問　答え　○

超音波探傷法では、表面や裏面直下の欠陥部の検出は困難である。表面直下の欠陥を探索するためには、蛍光浸透探索法、渦電流探傷法などを用いる。

【第２章】

第１問　答え　○

熱伝導率は、使用する材料によって決まる定数である。

第２問　答え　○

設問のとおり。熱伝導だけではまかなえない時に、熱伝達率 h をどれだけ高くするかが、放熱設計のカギになる。

第３問　答え　×

定常状態とは、吸熱と放熱が釣り合った状態を言う。その際、物体内部に蓄えられるエネルギーは一定になるので、CAE で定常状態の解析を行う際は、比熱 C_p と密度 ρ は不要となる。

第４問　答え　×

周りの流体の挙動を考慮するのは対流熱伝達率である。

第５問　答え　○

鉛直置きのほうが、空気等の液体は対流しやすく、その際に発熱体から熱を吸収してくれる。

第６問　答え　○

ステファン・ボルツマン係数は、5.67×10^{-8} と温度によらず一定の値である。

第７問　答え　×

ヒートシンクの放射に関しては、向かい合う面はお互いに熱をやり取りするために、放射熱伝達はほとんどない。ヒートシンクの放射熱伝達率は、ヒートシンクを囲むような包絡体積を考え、包絡体積の表面にのみ、熱伝達率を設定する。

第 8 問　答え　○

設問のとおり。物体に熱をかけた時などに、元の形状（長さ）に対してどれだけ膨張・収縮したかの割合（ひずみ）を示す、材料特有の定数である。

第 9 問　答え　×

発熱量の高い部品は、熱伝導・対流等により、他の部品の温度に影響を与え、放熱の妨げになるので、基本は、製品の上部に配置する。

第 10 問　答え　○

熱による応力・変形が起こる要因は、
・部材間の線膨張率の違い
・極端に 2 部品間に温度差が生じている
である。設計の際は、できるだけ線膨張率の近い材料を使用し、できるだけ均等な熱分布になるようにする。

【第3章】

第1問　答え　○

ブロー成形は、熱可塑性樹脂を用いた成形の代表的な成形法として、射出成形法などとともに有名な工法である。ネットシェイプ加工（取り出し品―即製品）としても有名で、大量生産に向くなど、有効な工法なので、覚えておくとよい。

第2問　答え　○

代表的なエンプラとして、PA、POM、PC、PBT、PPSなどがある。今まで金属でしか対応できなかった領域への樹脂の活用が進んでいるので、覚えておこう。

第3問　答え　○

設問のとおり。樹脂材料を活用する上での基本的な知識なので、覚えておこう。

第4問　答え　×

ポリカーボネートは、熱可塑性樹脂（非結晶性樹脂）のため、透明性が良く、寸法安定性・精度に優れる上、耐衝撃性も良い材料である。ただし、加水分解を生じる、アンモニアに弱い、ソルベントクラック（応力がかかっている箇所に潤滑材や薬品が付着することで、成形品表面に亀裂が発生する現象）を生じやすいなどの欠点を持つ。

第5問　答え　○

設問のとおりの長所を持つPOMだが、下記のような短所も持ち合わせているので、加工・使用時には注意すること。

・結晶性ポリマーのため、成形収縮が大きい。金型温度を高くしたほうが後収縮を起こしにくい。

・強酸・アルカリに弱く、水道水などに含まれる残留塩素などに長期間さらされるともろくなる。

第6問　答え　×

ウエルドラインという。ウエルドライン上は、材料そのものの強度が得られず、強度低下を起こし、外観不良の原因となる。「樹脂温度等を高くし、ウエルドライン部の樹脂温度低下を防ぐ」などの対策を取る。

第7問　答え　○

バーフロー金型を用いて、射出圧力と射出速度を変えて、樹脂の流動性を調べる。肉厚の薄い成形品の場合は、射出速度を速くする、射出圧力を高くするなどの工夫が必要になる。

第8問　答え　○

設問の説明のとおり。樹脂材料を活用する上での基本的な知識なので、覚えておこう。

第9問　答え　○

射出圧縮成形法は、かつては、精密部品、光学レンズなどの成形に活用されていたが、現在は、車の部品など、汎用的な成形部品にまで活用が広がってきている。

第10問　答え　○

ウエルドラインに対する主な対策は下記のとおりである。

・ゲート位置を見直し、製品内流路の見直しを行って、意匠面や負荷がかかる部分にウエルドラインが発生しないようにする。

・樹脂温度を高くし、ウエルド位置での樹脂温度低下を防ぎ、ウエルド位置の強度低下を避ける。

【第４章】

第 1 問　答え　○

今回の式は、掛け算と割り算だけで表現されている式なので、節 4–2–1 の誤差の算出方法が活用できる。

今回の場合、$d-\Delta d/2<d<d+\Delta d/2$、$F-\Delta F/2<F<F+\Delta F/2$ と考え、σ の最大値（σ_{max}）と最小値（σ_{min}）を計算し、$\Delta\sigma=\sigma_{max}-\sigma_{min}$ を計算した後、$\Delta\sigma/\sigma$ を計算する。

なお、微少項（$\Delta d\times\Delta F$ など）は、省略すること。

第 2 問　答え　○

設問のとおり。節 4.2.2 を参照のこと。

第 3 問　答え　×

キャビテーションは、高速に流れる流体の圧力差により、短時間の泡の発生と消滅が起きる現象のことを指す。

第 4 問　答え　○

設問のとおり。節 4.2.2 を参照のこと。

第 5 問　答え　○

設問のとおり。節 4.2.2 を参照のこと。

引用：http://blogs.yahoo.co.jp/netpe1mon

Net–P.E.Jp　1 日 1 問！ 技術士試験 1 次、2 次択一問題

お疲れ様でした。
GOAL
GOAL
GOAL

おわりに（本書のまとめ）

私は入社以来、研究・設計・生産部門の方々へのCAEの活用推進を14年間、生産技術部門に所属し、CAEも活用した生産工法に関わる技術開発を12年間行ってきました。この26年の活動の中で得た機械工学と計算力学の基礎知識、現状の論理では説明がつかないことを確かめるための予備実験・実機製作の中で苦労しながら改善した内容、これらの活動を通じて自らが考えた論理や創意工夫したCAEの新たな活用法などを、現時点で一旦整理しておきたいという思いがあり、本書を執筆するに至りました。

今回は上記の中で、社内外の技術者から多くの相談を受け、かつ、私自身が機械設計の基礎の部分と考えている「材料力学と固有値計算」「伝熱工学と熱力学」「樹脂成形」について抜出し、まとめました。いわば私の、今まで技術者として活動してきた「総括」をまとめた書籍です。おそらく、この本を読まれた方は、過去に同様の苦労をされているか、これから、さまざまな壁にあたる若手技術者の方だと思います。世間でもニーズの高い技術領域に関する内容ではないかと考えていますので、本書が技術者のお役に立てれば幸いです。

改めて私がいいたいをまとめると下記のとおりになります。

・使い方さえ間違わなければ、CAEは現在の工学から得られる知見とほぼ一致している。

※少なくとも、私が良く設計する梁（板）を用いたCAEと論理計算に関しては、ほぼ一致しました。

・CAEと実機との誤差について、CAEの設定に問題がないかを確認するのはもちろんですが、実験方法の問題もあると思います。CAEの設定等が実現象を反映しているのを確かめるだけではなく、予備実験や実機による試験の方法、実験精度の限界についても改めて見直してください。

・実験の方法や精度に間違いがないのであれば、CAE と実験が合わない理由は「現在まで先人が築き上げてきた論理式」と実現象が合わない何かがあるということです。ここで、CAEをいくら疑ってもしょうがありません。CAE の土台となる基礎工学式が、実現象を表していないのですから。
このような場合は、新たな論理を作り上げるか、その部分は工学計算の限界として見極め、実験と CAE を併用して検討してもらいたいと思います。
・繰り返しになるかもしれませんが、現在解明されている論理（≒CAE）ですべてを解決することは困難です。CAE と実験の結果を合わせることに気をとられすぎてはいけません。実験と CAE をうまく組み合わせて、効率良く、かつ、実現象に対して CAE が安全側の解が得られるように CAE の使い方を工夫してください。

本書の中には、私自身の思いのみで執筆している部分もあり、学術的に「本当かな？」を思われる部分もあるかもしれませんが、私自身は、26 年の技術者としての活動で得た事実を執筆しているつもりです。しかし、本書を読んだ上で、疑問に思われる部分や、本書以外の分野で、「基礎工学」を学びたいをおっしゃられる方は、本書籍の発行元を通じ、質問やご指摘をいただければと思います。

本書を執筆するにあたりご協力いただいたわが師、田村様、日刊工業新聞社鈴木様、NPO 法人 CAE 懇話会の会長　平野様、理事の辰岡様はじめ、助言等をいただいた、社内外の諸先輩方にお礼を申し上げます。誠にありがとうございました。

最後に、本書は、工学の最初の導入口だと思ってください。「本書の内容はすでに知っているよ。」という技術者が世界中にあふれることや、本書を読まれた技術者の方には、本書を起点にして、世にでているさまざまな書籍で、さらに専門知識を磨き、より QCD＋ES の良い製品開発を行っていただくことを期待しています。

まだまだ、本書の誤植等のチェック作業が残っておりますが、とりあえず、本書を書きあげた真冬の書斎にて。

2016年12月4日

岡田　浩

参考文献

『機械実用便覧』日本機械学会編

『モノ作りへのCAE活用についての一提言』 田村隆徳　著

（日本機械学会　関西支部　第77期定時総会講演会論文集　N0. 024-1）

『構造解析のための有限要素法実践ハンドブック』

非線形CAE協会　監修、岸　正彦　著（森北出版株式会社）

『例題で学ぶ有限要素法応力解析のノウハウ』

岸　正彦　著（森北出版株式会社）

『よくわかる最新有限要素法の基本としくみ』

岸　正彦　著（秀和システム）

『CAEを使った機械設計特訓講座テキスト』

高張研一　著（構造計画研究所　セミナ資料）

『わかりやすい材料強さ学』 町田輝史　著（オーム社）

『工業材料の基礎』 町田輝史　著（日刊工業新聞社）

『製品開発のための材料力学と強度設計ノウハウ』

鯉渕興二・小久保邦夫　編著（日刊工業新聞社）

『スイッチの疲労解析事例』 田村隆徳・岡田浩　著

（OMRON TECHNICS　第33巻第3号　通巻107号）

『良くわかる金属材料』 三木貴博　監修（技術評論社）

『機械材料の物性と応用』 岩森暁　著（技報堂出版）

『トコトンやさしい　表面処理の本』 仁平宣弘　著（日刊工業新聞社）

『トコトンやさしい　機械材料の本』 Net-P.E.Jp　編著

横田川昌浩・江口雅章・棚橋哲資・藤田政利　著（日刊工業新聞社）

『トコトンやさしい　材料力学の本』 久保田浪之介　著（日刊工業新聞社）

『トコトンやさしい　機械設計の本』 Net-P.E.Jp　編著

横田川昌浩・岡野徹・高見幸二・西田麻美　著（日刊工業新聞社）

『絵とき 「機械設計」基礎のきそ』 平田宏一　著（日刊工業新聞社）

『絵とき 「破壊工学」基礎のきそ』 谷村康行　著（日刊工業新聞社）

『めっちゃ使える！　機械便利帳』山田学　編著（日刊工業新聞社）
『トラブルをさけるための電子機器の熱対策設計　第2版』
伊藤謹司・国峰尚樹　著（日刊工業新聞社）
『伝熱工学資料』日本機械学会編
『樹脂流動特性の射出成形（CAE）への活用』天野修　著
（高度ポリテクセンターセミナー資料）
『図解入門　よくわかる最新プラスチックの仕組みとはたらき』
桑嶋幹・木原信浩・工藤保広　著（秀和システム）
『トラブルを防ぐ　プラスチック材料の選び方・使い方』
高野菊雄　著（工業調査会）
『ゴム・プラスチック材料のトラブルと対策～劣化と材料選択』
大武義人　著（日刊工業新聞社）
『トコトンやさしい　金型の本』吉田弘美　著（日刊工業新聞社）
『絵とき「射出成形」基礎のきそ』横田　明　著（日刊工業新聞社）
『射出成形金型　設計・製造　ツボとコツ』
青葉　堯　著（日刊工業新聞社）
『思いどおりの樹脂部品設計』
プロトラブズ　著、水野　操　編著（日刊工業新聞社）
『E-Trainer「インジェクション金型の基礎」』
（NTTデータエンジニアリングシステムズ）
『Moldflow Plastic Insite Operation Giude』（オートデスク株式会社）
『3D TIMON Reference Manual』（東レエンジニアリング株式会社）

『設計検討って、どないすんねん！』 山田学　編著
青山繁男・古賀祥之助・佐野義幸・岡田浩　著（日刊工業新聞社）
『塾長秘伝　有限要素法の学び方！』 小寺秀俊　監修（日刊工業新聞社）
NPO 法人 CAE 懇話会　関西解析塾テキスト編集グループ　著
『解析塾秘伝　非線形構造解析の学び方！』 石川覚志　著（日刊工業新聞社）
NPO 法人 CAE 懇話会　関西解析塾テキスト編集グループ　監修
『解析塾秘伝　有限要素法に必要な数学！』 小村政則　著（日刊工業新聞社）
NPO 法人 CAE 懇話会　関西解析塾テキスト編集グループ　監修
『機械設計』（日刊工業新聞社）
・2009 年 2 月号「機械設計展望―設計者と CAE」岩淵正幸・岡田浩　著
・設計検討ミニ講座（岡田浩　著作分）
2010 年 5 月号「受ける力・振動に対する設計の考え方と対処法」
2010 年 7 月号「樹脂材料と成形を考慮した設計」
・苦手克服　実践ゼミナール（岡田浩　著作分）
2010 年 1 月号「材料力学の学び方」
2010 年 10 月号「材料力学　ステップアップ編」
2011 年 3 月号「樹脂成形　基礎 ＋ 実践編」
『型技術』 2012 年 5 月号「オムロンにおける射出成形 CAE の活用法」
岡田浩　著（日刊工業新聞社）
http://blogs.yahoo.co.jp/netpe1mon
Net-P.E.Jp　1 日 1 問！　技術士試験 1 次、2 次択一問題（岡田浩　作成分）

索　　引

（五十音順）

あ　行

か　行

さ 行

た　行

な　行

は 行

〈著者略歴〉

岡田　浩

1965年生まれ　福岡県出身。技術士（機械部門）。

1991年に電機メーカーに入社。金属・樹脂材料の加工の影響を考慮した強度・疲労寿命予測、電子機器の放熱対策などに取り組むとともに、構造・熱・樹脂流動CAEの社内外の教育・推進に従事した。現在は、「金属・樹脂製品の加工法の研究・開発」「CAEを用いた設計・生産工程革新活動」に従事している。

社外では、NPO法人CAE懇話会の関西支部幹事などでCAE推進活動にも携わっている。

著書に『設計検討って、どないすんねん！』、『塾長秘伝　有限要素法の学び方！』（共著：日刊工業新聞社刊）がある。

〈解析塾秘伝〉CAEを使いこなすために必要な基礎工学！
―現場技術者の構造解析、熱伝導解析、樹脂流動解析活用ノウハウ―　NDC 501.34

2017年 1 月20日　初版1刷発行
2022年 7 月22日　初版5刷発行
（定価は、カバーに表示してあります）

© 著　者　岡　田　　浩
監修者　NPO法人CAE懇話会
解析塾テキスト編集グループ
発行者　井　水　治　博
発行所　日　刊　工　業　新　聞　社

東京都中央区日本橋小網町14-1
（郵便番号　103-8548）
電話　書籍編集部　03-5644-7490
販売･管理部　03-5644-7410
FAX　03-5644-7400
振替口座　00190-2-186076
URL　https://pub.nikkan.co.jp/
e-mail　info@media.nikkan.co.jp

印刷・製本　新日本印刷（POD3）

落丁・乱丁本はお取り替えいたします。　2017 Printed in Japan

ISBN 978-4-526-07644-2